移动基站日常维护指南

杨祥强　吴卫国　主编

黄河水利出版社
·郑州·

图书在版编目(CIP)数据

移动基站日常维护指南/杨祥强,吴卫国主编.—郑州:黄河水利出版社,2023.6
ISBN 978-7-5509-3599-0

Ⅰ.①移… Ⅱ.①杨… ②吴… Ⅲ.①移动通信-通信设备-维修 Ⅳ.①TN929.5

中国国家版本馆 CIP 数据核字(2023)第 110089 号

责任编辑	景泽龙	责任校对	杨丽峰
封面设计	李思璇	责任监制	常红昕

出版发行　黄河水利出版社
　　　　　地址:河南省郑州市顺河路49号　　邮政编码:450003
　　　　　网址:www.yrcp.cop　　E-mail:hhslcbs@126.com
　　　　　发行部电话:0371-66020550
承印单位　河南新华印刷有限公司
开　　本　787 mm×1 092 mm　1/16
印　　张　8.75
字　　数　200 千字
版次印次　2023 年 6 月第 1 版　2023 年 6 月第 1 次印刷

定　　价　68.00 元

前　言

移动通信基站(简称基站)是无线通信网络的重要节点,是指在一定的无线电覆盖区内,通过移动通信交换中心,与移动电话终端之间进行信息传递的无线电收发信电台。

基站是移动通信网网络侧的基础单元,基站维护的目标是保证基站处于最佳运行状态,提供良好的用户业务接入,满足用户使用的需要。

移动通信网络维护中,基站维护是最重要、频次最高的网络维护任务。基站的日常维护工作主要由基站维护人员完成,各通信运营商要督促维护技术人员按时完成作业计划,并及时抽查维护作业计划的执行情况。但是,基站维护工作任务重(频次高)、时间不固定(障碍就是命令)、工作环境差以及信息行业技术更新迭代快等,导致维护技术人员队伍存在流动性大的问题,同时伴随着新技术的普遍应用,对维护技术人员的技能要求又比较高,维护技术人员需要不断地补充新的知识,了解新的网络应用。基于这一现状,笔者从基站的各系统构成、维护管理的基本要求等方面,以维护指南的方式,帮助维护技术人员提高对网络基本知识的认知,了解维护管理的要求,熟悉基站的各系统组成和常见故障的排除,以及排除这些故障需要携带的器具、仪表等,以指导维护技术人员更高效、快捷地做好日常基站维护工作。

因基站维护的目的是保持整个通信网络中的最边缘设备单元、与用户直接接触的设备单元正常运行,在障碍处理上立足于处理好接入侧,如涉及需要网络核心网侧配合的,请参考相关书籍或资料。

本书在编撰过程中,时间紧张,再加上信息技术更新较快,如有不当之处,敬请谅解。

作　者

2023 年 3 月

目 录

第一章 市电供电维护

一、定义

市电供电是指从配电电网或业主方接引交流～380 V 三相四线制电源用来保证基站交流供电而进行的电缆连接。个别基站附近因无三相电源,可临时使用单相电源供电,但不能满足空调等三相设备运行需要。

三相四线制是指由三根火线、一根零线构成四线电缆,一般使用16 mm²×3+10 mm²×1 以上线径的铜芯铠甲电缆(防鼠咬)。一般分别以 A、B、C、N 或 U、V、W、0 等方式表示,线标颜色顺序为黄、绿、红、黑(蓝)或同一颜色但零线较细(见图1-1)。

单相电压是指一根火线与零线之间的电压,标称电压为 220 V,工作范围为 198～235.4 V;相间电压是指两根火线之间的电压,标称电压为 380 V,工作范围为 353.4～406.6 V。

市电接火可根据基站地理环境,选择从所处电线杆、单位企业配电房、个人家庭电表箱、村庄配电室等途径引入。经由相关线杆、建筑、管井等途径,规范牢固布放,引至基站电表箱或电闸(见图1-2)。

图 1-1　漏电保护开关　　　　图 1-2　交流配电箱

电费缴纳对象有供电局直接开户账户、相关业主等,尽可能要求运营商以转账方式缴纳电费,运维管理部门留存缴费凭证,以规避纠纷。

二、常见故障及处理办法

(一)站外停电

站外停电是指因供电公司计划检修停电、故障停电、业主或单位故障检修、空气开关

(简称空开)跳闸等造成停电。供电公司停电一般面积较大,可从电力公司热线或公众号咨询停电区域、原因及计划恢复时间,区域包干制负责人应该及时关注当地电业局的停电、检修公告;业主或单位停电可咨询基站所在位置业主或电工确认信息。长时间停电或不明来电时间一般需要油机应急发电,短时间停电可根据基站负载和蓄电池性能决定是否使用油机发电。但只要发生停电,都要配备发电机尽快赶到基站现场,一方面争取迅速协调恢复市电供电,另一方面要尽快确认市电恢复的准确时间,并根据基站的电池续航能力决定是否需要启动发电机供电。

(二)站内停电

站内停电是指站外市电(简称外电)供应正常情况下,基站内外电闸、空开、防雷系统等设备故障、跳闸或熔丝熔断等原因造成停电。当外电正常时,要在基站供电环节迅速确定停电部位,并排除故障,使用万用表、测电笔,结合检查照明、空调是否工作正常,电度表、配电箱等设备指示灯进行故障定位。一般因空开跳闸引起的停电,可检查接线端子紧固螺丝是否松动、空开与负载是否匹配或是否由其他进站人员误断电等造成。紧固螺丝、更换故障空开后合闸即可恢复通电。

特殊情况:

经常出现市电正常但空开跳闸,合闸又跳闸的现象,除负载过大、连接松动、空开故障等原因外,还有防雷箱避雷器故障引起零线或火线与地线导通所致。处理办法为:通过万用表蜂鸣挡测试避雷器上下端,如果鸣叫,证明避雷器导通损坏,更换或断掉避雷器即可排除。

(三)缺相

缺相是指三相供电中其中一根或两根火线与零线之间电压为 0 V,或只有几伏(正常为 220 V 左右),简称"缺相"。特殊情况下为外电变压器输出故障或远端电闸熔丝熔断造成,这种情况不常发生。一般为从电力线杆引下或业主配电室至基站开关电源柜之间的故障引起,重点检查电力线杆上接火部分火线连接是否松动断开、绝缘胶带是否破损进水、是否有铜铝氧化物等致使接触不良,造成火线缺相,重新紧固连接封包处理即可恢复,但上电力线杆需要电工配合处理,未经电工允许,维护人员不得攀爬电力线杆,用电操作人员需为专业人员并持证上岗。外电引入基站,在电表、电闸、配电箱、开关电源柜等设备环节也存在空开触点故障、接线螺丝松动等原因引起缺相,通过万用表测量确定故障位置排除即可恢复。

(四)三相不平衡

三相不平衡表现为开关电源柜有电但整流模块不能工作且无直流电输出,万用表测试其中一相火线与零线间电压为 0 V 或仅有几伏,该相与另外两相间电压只有 220 V 左右(正常为 380 V 左右),而零线与另外两相间电压却在 380 V 左右,且零线与地线间电压接近 220 V(正常为 0 V)。该故障可直接确定为该电路零线断路所致。最常见的为电力线杆接火处零线日久松动接触不良造成的,重新紧固连接零线即可恢复。也有其他连接部位零线断开或接触不良造成三相不平衡,比如各接线端子松动、线鼻箍线松动、零线腐蚀磨损压断等,认真查找即可找到原因并排除。

(五)故障案例

【故障案例1】 整流模块不输出,原因:零线断路

故障描述:

2020年某通信运营商基站,现场维护人员求助,基站有市电,整流模块有电,但是无直流电输出,蓄电池一次下电断站,电源柜断电三相市电正常,电源柜送电零线对A、B、C三相电压分别为380 V、380 V、0 V,但零线对地电压高达222 V左右。维护紧急使用油机发电能正常运行。排除电源柜故障,证明为配电箱上端市电电路问题。

分析、判断、处理:

不加负载市电正常,加上负载三相严重不平衡,且零线带电,属于零线接触不良或断开,开启线性负载后火线回路致使零线带电。容易误判断为电源柜故障,实际是缺零线后整流模块输出保护。从配电箱、保险盒、闸刀箱、电表箱至市电接火处检查每个环节的连接问题,最后协调村电工在线杆上打开电源线与市电连接处,发现零线缠绕处因连接松动、长期渗水堆积氧化物引起接触不良。敲打清理氧化物后重新剥线缠绕紧固封包,电源柜送电,直流电压、直流输出恢复,主设备运行正常。

类似案例:

某基站,地埋市电电缆顺墙上行入电表箱前位置,施工时环形剥线,致使零火线绝缘层横向划伤,长期下雨进水后火线对零线短路放电,零线氧化断开。故障十分隐蔽,必须逐步检查才能发现。

【故障案例2】 基站无停电告警直接报低压,原因:零线断路

故障描述:

2020年某通信运营商基站,无停电告警,却低压报警。到基站后打开照明灯出现闪烁情况,并在1 min内烧掉,初步怀疑是零线断路,赶快关灯。观察整流柜电源模块状态,为"保护"状态,查监控模块三相电压分别为370 V、390 V、5 V。

故障分析:

零线断路。

处理结果:

用万用表对机房配电箱内三火一零测量,三根火线间电压380 V左右为正常。三根火线与零线间电压分别为380 V、375 V、5 V,将零线与接地排连接试测,整流柜工作正常,故障就定位在零线断路上,此交流供电线路为地埋线,发现机房南50 m处有一变压器,并有一地埋线引至变压器配电箱内,找到当地电工打开变压器配电箱,有一根线径25 mm² 的铝线已被烧断,重新取一根25 mm² 铜线,将铝线换掉,连接好之后重新测试,基站供电恢复正常。

经验总结:

基站在环境监测正常情况下,低压报警,到机房检测三根火线间电压在380 V左右,日光灯闪烁,或数分钟后烧掉,或日光灯不亮,整流模块不能正常输出电流,空调不能正常工作等,首先应考虑到零线故障。故障情况有两种原因:一种是零线烧断,这种用万用表测量电压就很容易量出,比较好判断;另一种是零线接触不良,用万用表测量交流电压多半正常,不好判断。行之有效的方法是断开电源线两头,通过测量电阻比较容易判断,一般两根线间(一端并接后环回,量另一端的两个线头),电阻在 10 Ω 以下正常,50 Ω 以上基本可以判断为接触不良。

三、协调工作

市电停电或供电异常故障,经常遇到维护人员与供电单位、业主、电工等相关人员的协调配合工作。维护人员尽量先行查找基站各环节电缆和用电设备是否发生过故障,在排除内部故障最终确定为外部故障之后,再行寻求相关人员解决并积极配合。通信基站为有偿用电,正常情况下供电是由供电公司一次供电或通过基站房产业主二次供电,维护人员要做到礼貌相待、诚恳相处,有理、有利、有节地处理好与对方的工作关系,共同排除外电故障。

第二章　油机发电与保养

一、定义

基站维护中通常把通过使用发电机给基站供电的过程称为油机发电,这种情况一般发生在市电中断或市电不正常工作等特殊情况下。主要通过发动机燃烧油料旋转带动发电机旋转产生电势,是热能、机械能、电能的转换过程(见图2-1)。

图 2-1　燃油发电机

基站市电因各种原因停止供电,且不能在基站电池续航时间内恢复供电的情况下,需要启用发电机,一般输出三相交流电源代替市电为基站供电。发电机分功率较大的拖挂式三相发电机(>15 kW)、一般功率的便携式车载三相发电机(10~12.5 kW)、小功率的便携式单相发电机(<5 kW)。

二、发电步骤

(1)准备。检查确认发电机的机油油位处在油尺刻度线允许范围内,及时补充机油及发电燃油,并做发电机启动试运行,情况正常后装车运往目的基站。

(2)摆放。将发电机平稳摆放于安全通风地带,避免阳光直射引起燃油挥发、油机高温等情况,避免发电机和排气筒靠近荒草、秸秆等易燃物品。

(3)连接。将供电电缆两端与发电机和基站油机盒接线端子按照颜色和标识指示正确连接,杜绝火线零线接反等错误连接现象(见图2-2)。

图 2-2 电缆与发电机连接图

（4）点火。断开发电机交流输出空开和基站交流配电箱的负载供电开关，顺时针转动发电机点火钥匙（旋钮），以 Off—On—Star 的顺序启动发电机，必要时拉开进气风门促进燃油燃烧，发电机运行正常后关闭风门。

（5）送电。待发电机数分钟运转正常后，闭合油机交流输出空开向基站端送电，闭合基站电源闸刀，将交流配电箱"油机/市电"转换开关由"市电"侧转向"油机"侧，并逐级开启基站交流负载空开供电。若遇负荷大于发电机供电能力，可选择性断开部分次要用电设备（如基站空调），或通过关闭个别整流模块、拔掉一组电池熔丝等方法，减少发电机输出电流（待一组蓄电池电量充满后，再插上另一组电池熔丝充电）。当市电恢复、油机停止后，可再行闭合之前断开的相关开关。

（6）运行。检查单相电压（220 V 左右）、相间电压（380 V 左右）是否正常，通过开关电源柜监控单元查看运行状态以及相关参数设置是否正常，查看整流模块运行及直流输出电压是否正常；查看传输、无线等设备运行是否正常。

（7）结束。当市电供应恢复正常时，可将交流配电箱"油机/市电"转换开关由"油机"侧转回"市电"侧，查看市电运行是否正常，若市电运行正常，停止发电机供电。先关闭发电机交流输出空开，继而逆时针转动发电机点火钥匙（旋钮），以 Star—On—Off 顺序关闭发电机。完成基站发电任务。

三、安全注意事项

（1）根据发电机燃油要求正确加注燃油，避免汽油、柴油错误加注；正常情况下，柴油机冬季加注 $-10^{\#}$ 柴油，其他季节加注 $0^{\#}$ 柴油；汽油机使用 $90^{\#}$ 或 $92^{\#}$ 汽油。

（2）发电机加油前必须停机冷却，注油口必须有燃油滤网，避免杂物进入油料，并擦干净溅出的燃油。

（3）发电机加油、维修等操作过程中严禁出现吸烟、使用打火机照明、靠近火源、摩擦产生火花等情况；避免排气筒引燃周围可燃物隐患。

（4）严禁违规操作、带电接火、火线零线接反等情况出现。

（5）严禁发电机在封闭空间内运行，比如在运输发电机的车厢内运行。

（6）严禁发电机无人看管，造成小孩触摸、盗窃等安全事故，注意检查运行状态并及时补充燃油，注意市电恢复后及时关闭发电机，避免造成燃油浪费。

（7）关闭发电机严格将点火钥匙旋转至 Off 位置，不要停留在 On 位置，避免启动蓄电池电量耗完影响下次发电点火。

（8）发电结束，必须认真清理发电现场，不要造成环境污染。

（9）避免把维护工具和油机电缆遗忘在发电现场。

四、常见故障及处理方法

（一）点火无反应

在旋转点火钥匙或按动启动按钮时，会遇到无任何启动动作或声音的情况，一般为没有安装启动蓄电池、蓄电池电压过低、电池连线接反或脱落、点火开关故障或连线焊点脱落等原因。通过检查连接、测试各段连接处蓄电池直流电压的方法，可确定故障点，采取连接紧固、蓄电池充电、更换电量充足的蓄电池等方法即可排除故障。

（二）启动无力

启动无力表现为启动机旋转无力，且越来越弱，导致发电机不能正常启动，原因有以下三种：

（1）蓄电池容量过低、电量匮乏。因为一般蓄电池标称电压为 12 V，额定容量在 20~30 Ah，若发电机与蓄电池不匹配，造成"小马拉大车"，难以带动发动机运转，需要更换大容量蓄电池；当蓄电池老化、长期放置、电量过度释放时，蓄电池电压降低，难以带动发动机，需要更换蓄电池、加注电解液、饱满充电以解决启动无力现象。

（2）天气原因。在冬季，由于气温较低，机油黏稠，转动部分阻力较大，造成燃烧室虽然点火但难以驱动活塞运转，长时间反复启动致使电池容量下降。可打开风门开关加大进气量促进火花塞点火（运转正常后应推回风门），用电量充足的蓄电池结合发动机启动拉绳促进发动机启动。

（3）启动机故障。由于长期使用磨损，部分启动机齿轮或其他零部件损坏，影响启动，需进行报修。

（三）无交流输出

发电机运转后，发现无交流输出，需检查输出空开是否跳闸，油机连线是否连接，连线是否短路、断路等，认真检查即可排除故障。

（四）输出电压低、缺相或三相不平衡

一般为发电机连线连接松动、火线零线接错等原因，认真检查各连接部位即可排除。

（五）发电机过热

汽油发电机一般为风冷散热，部分大功率柴油发电机为水冷散热，需经常检查冷却水是否充足，冬季应加注防冻液，保证冷却系统正常，避免损毁发动机内燃机。

(六)故障案例

发电机故障维修不一定有想象的那么困难,维修人员会修,维护人员也可能会修,但是如果不去研究、顾不上研究,发电机故障就修不了。

(1)如果旋转钥匙或按启动按钮,发电机无任何反应,为什么呢?因为启动机不转。应该检查什么呢?电池装了吗,电量足吗,连接对吗,松动了吗,断了吗,掉了吗,电路理顺了吗,有没有保险被烧毁呢?如果这些都没有问题,还有什么问题?启动机烧毁了吗,绕组用万用表量了吗,电池互换法用了吗?这样还不行,那就修吧!

(2)如果启动机能旋转,发动机却不能点火,为什么呢?启动机齿轮与发动机齿轮不啮合?那叫空转,应该能听得出来。如果能带动发动机旋转,为什么点不了火?没有燃油吗,油路不通吗,油门调整了吗,风门没打开吗,空气滤芯打开检查了吗,机油还有吗,油泵泵油正常吗?等等,如果这些都检查了,就应该能正常启动。我们发现了大量的发电机启动机、蓄电池十分有力,却发不起电,一个很重要的原因就是机油不行了!可更换或添加机油。

(3)如果发电机已启动,却没有交流电输出到基站,为什么呢?发电机绕组坏了吗?一般不会。输出端子后面连线脱落了吗,虚焊了吗,交流输出开关推上了吗,螺丝松动了吗,用万用表量了吗,油机线接错了吗,线序接反了吗,连线断了吗,转换开关转换了吗,保险烧了吗?这些都检查过了,应该就能解决。

五、发电机保养

发电机保养的重点为发动机保养,需要根据说明书要求的维护周期进行保养。一般情况下分为三级:A级,50 h保养一次;B级,100 h保养一次;C级,200 h保养一次。日常进行整机灰尘、泥浆、油污、发电机风罩等清洁,这有利于散热通风;检查各连接紧固部件的牢固性;定期(A级)更换润滑机油和"三滤",即空气滤芯、燃油滤芯、机油滤芯。有条件时,应进行燃烧室、气门、火花塞积炭处理,火花塞级柱、气门间隙检查调整。若没有对发电机进行保养,任其长期运行,将会加大油耗并缩短发电机使用年限,且故障频发。特殊难度故障,需由厂家或专业人员进行维修。在质保期范围内的发电机,要充分享受免费保养权利。维护单位要注意爱惜发电机,主动学习发电机的常规维修知识和技能,在实际使用时,若出现故障,一方面要主动排除常见故障,另一方面在无法排除故障时,要积极与发电机产权单位沟通,申请发电机维保。严禁将发电机长期闲置,或置于暴晒、雨淋、尘土、腐蚀等恶劣环境中。

六、协调工作

(1)维护单位需根据发电要求认真完成基站应急发电工作,加注燃油的时间和油量应详细记录,以便于发电费用成本的管理。同时,要妥善保管费用票据,及时粘贴报销,严禁长期积压票据或挪用燃油周转金。

（2）认真记录发电基站、停电原因、发电起止时间、发电小时数、燃油费用、发电人等相关信息及说明，坚决杜绝弄虚作假行为，做好接受监督检查的准备。

（3）本着促进行业节能减排的原则，根据停电时长、负载大小、蓄电池续航能力等因素，决定是否发电和发电时长，严禁在市电恢复的情况下仍在无效发电的行为；配合甲方合理安排调度发电机使用情况，避免出现因发电不及时造成基站断站。

（4）处理好发电工作与业主和周边群众的关系，尽量避免噪声扰民造成投诉，继而出现群众阻挠发电的情况。可以采用油机输出电源线拉远、使用静音油机、有效遮挡噪声、合理掌握发电时段等方法，解决发电工作中遇到的各种问题。

第三章 综合配线柜、传输设备、传输光纤维护

一、定义

基站综合配线柜(见图 3-1)内部包含 DDF 架、光纤接入盒、传输设备(见图 3-2)、微波接收机、直流接入端子、光缆、尾纤、2M 线等设备。它可完成光信号、数字信号双向转换和业务分配功能。也可作为标准机柜安装 BBU 等嵌入设备,即以 Unit($H = 44.5$ mm,$W = 470$ mm)为单位嵌入标准尺寸的设备。

图 3-1 综合配线柜

图 3-2 传输设备

基站业务的传送工作由光缆(光纤)和电缆(2M 线)等传输介质来完成。通常的光信号传输路径为:光信号由光缆进入基站综合配线柜→将缆中的光纤芯分配于光纤终端盒→由光纤法兰盘连接尾纤至传输设备;光信号在传输设备中完成光电转换后输出电信号,电信号的传输路径为:传输设备电缆→2M 头→DDF 架(数字/高频配线架)→转接或二次配线→无线基站主设备(基站收发台)。以上光电传输路径均为双向传输,即分为 R 和 S,"收"和"发"双向传输。核心机房(远端机房)向本端(站)的下行信号数据传送对本端(站)来说是 R,对核心机房(远端机房)来说是 S;同理,本端(站)信号上行信号对本端(站)来说是 S,对核心机房(远端机房)来说是 R。

传输过程由光缆、尾纤、传输设备、DDF 架、ODF 架(见图 3-3)、2M 线等设备构成。

除此之外,以 BBU+RRU 方式存在的室外一体化基站、拉远基站、室内分布、干线放大器等远端与近端之间的传输连接也用到光缆或尾纤。

图 3-3 ODF 架内子框

光缆:由光纤(光导纤维,细如头发的玻璃丝)和塑料保护套管及塑料外皮以及高强度钢丝构成,用以实现光信号传输的一种通信线路。光缆内没有金、银、铜、铝等金属,一般无回收价值。光缆被当作电缆割断,盗窃人员看其无回收价值,又将其丢弃的情况很常见。作为日常维护作业人员,应时刻加强"光缆无铜、盗割有罪"的法律宣传。

光纤:由纤芯、包层、涂覆层三部分组成,纤芯用来传输光信号,包层保证光全反射只发生在芯内,涂覆层主要作用是保护光纤在受到外界作用时,能吸收诱发微变的剪切应力,确保纤芯的状态稳定。

法兰头:法兰头又称为光纤连接器,是实现两个光纤连接头稳定、可靠连接的标准器件。

尾纤:只有一端有连接头,而另一端是一根光缆纤芯的断头,通过熔接与其他光缆纤芯相连,常出现在光纤终端盒内,尾纤分为多模尾纤和单模尾纤。通常情况下,多模尾纤为橙色,波长为 850 nm,传输距离为 500 m,用于短距离连接;单模尾纤为黄色,波长有两种:1 310 nm 和 1 550 nm,传输距离分别为 10 km 和 40 km 左右。

光电模块:主要由光发射机和光接收机组成,功能是将要传送的电信号及时、准确地变成光信号并输入光纤中进行传播(光发射机)。在接收端再把光信号及时、准确地恢复再现成原来的电信号(光接收机)。由于通信是双向的,所以光端机同时完成电/光(E/O)和光/电(O/E)转换。

光功率:衡量光信号的大小,可用光功率计直接测量,常用 dBm 表示。

2M 线:多见于同轴电缆,即 E1,俗称 2M 线,通常传输速率为 2.048 Mbps(1 kb = 1 024 b,1 Mb = 1 024 kb,2.048 Mbps 即 2.048 Mb/s)。

传输设备:实现光/电和电/光转换与传送的设备。以下以华为 155/622H 传输设备为例,说明常见的传输设备指示灯含义(见图 3-4)。

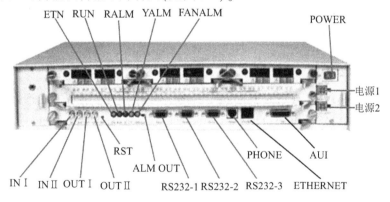

图 3-4 传输设备各端口功能

ETN:以太网指示,当设备与网管终端利用网线相连时,灯亮起。

RUN:运行灯,正常开工后为 2 s 闪烁一次;5 次/s:未开工状态。

*ALM:告警类别,通常光路上收不到光会亮起 RALM;而某一个 2M 丢失则会亮起 YALM。

FANALM:风扇告警灯,当风扇板上至少一个风扇停止工作时,风扇告警灯亮,并上报

FAN-FAIL。

IN Ⅰ:外同步时钟源外时钟接口1,输入。

IN Ⅱ:外时钟接口2,输入。

OUT Ⅰ:外时钟接口1,输出。

OUT Ⅱ:外时钟接口2,输出。

ALM OUT:声光告警切除开头。

RS232-1:MODEM 接口。

RS232-2: F 接口(网管接口)。

RS232-3:RS-232 透明数据传输串口。

PHONE:公务电话接口。

ETHERNET:以太网接口。

AUI:杂项接口。

RST:主控复位。

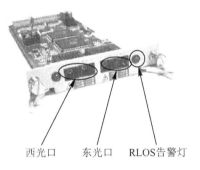

图 3-5　光接口板

光接口板(见图 3-5):为一块 OI2D,光接口为 SC/PC,每个光口由一发一收共两个接口组成。习惯上称左边的光口为西光口,右边的光口为东光口。OptiX 155/622H 光板(包括 OI4)在每个光口的旁边都有一个红色告警灯。它的作用与 SCB 板上的红色告警灯不同,它只判断此光口有无收光。当有收光时,红灯熄灭;当无收光时,红灯点亮。此灯只检测 R-LOS,对其他告警不做检测。此功能在开局过程中是非常有用的。

PTN950 设备与单板介绍:

OptiX PTN 950 是华为公司面向分组传送的新一代移动接入传送设备。

OptiX PTN 950 具有以下特点:

● 采用分组传送技术,可解决运营商对传送网不断增长的带宽需求和带宽调度灵活性的需求。

● 采用 PWE3(Pseudo Wire Emulation Edge to Edge)技术实现面向连接的业务承载。

● 支持以 TDM、ATM/IMA、FE(Fast Ethernet)、GE(Gigabit Ethernet)等多种形式接入基站业务。支持移动通信承载网从 2G 到 3G 的平滑演进。

● 采用针对电信承载优化的 MPLS(Multi-Protocol Label Switch)转发技术,配以完善的 OAM(Operation, Administration and Maintenance)、QoS(Quality of Service)和保护倒换机制,利用分组传送网实现电信级别的业务承载。

● 体积小,重量轻,部署成本低,可安装在机柜中、墙壁上和桌面上。同时,OptiX PTN 950 支持分组微波传送,极大地增加了组网的灵活性,节省了建设或租用传输链路的成本。

PTN950 外观和板卡槽位如图 3-6 所示。

SLOT 10	SLOT 11	SLOT7	SLOT8
		SLOT5	SLOT6
SLOT 9		SLOT3	SLOT4
		SLOT1	SLOT2

图 3-6　PTN950 外观和板卡槽位

PTN950 上常用单板如表 3-1 所示。

表 3-1　PTN950 上常用单板

单板名称	单板描述	可插槽位
CXP	主控、交换、时钟合一板	SLOT7、SLOT8
EF8T	8 路 FE 业务处理板(电接口)	SLOT1 ~ SLOT6
EF8F	8 路 FE 业务处理板(光接口)	SLOT1 ~ SLOT6
EG2	2 路 GE 业务处理板	SLOT1 ~ SLOT6
ML1	16 路 E1 业务处理板(75 Ω)	SLOT1 ~ SLOT6
ML1A	16 路 E1 业务处理板(120 Ω)	SLOT1 ~ SLOT6
PIU	电源板	SLOT9、SLOT10
FAN	风扇板	SLOT11

说明:
- EG2 单板只有在 SLOT1 和 SLOT2 上可完全实现 2 路 GE 的处理,其他槽位只有第一路 GE 可实现。
- 由于 ML1 和 ML1A 除匹配阻抗有区别外,功能特性都一致。
- 除电源板外,其他单板均支持热插拔。
- 最大业务交换能力 8G。

PTN950 面板示意图如图 3-7 所示。

图 3-7　PTN950

EG2 单板面板上的指示灯有:

工作状态指示灯(STAT)——红、绿双色指示灯。

状态指示灯(SRV)——红、黄、绿三色指示灯。

端口连接状态指示灯(LINK)——绿色指示灯。

端口数据收发状态指示灯(ACT)——黄色指示灯。

PTN950 设备 EG2 单板,在单板的左部分有 LINK1、ACT1、LINK2、ACT2 四个指示灯,其中 LINK1、ACT1 对应 EG2 单板上的第一个端口,LINK2、ACT2 对应单板上第二个端口。

第一种情况:LINK1、ACT1 都不亮,说明本端收不到对端的光。原因分析:光缆断,或者对端停电。

第二种情况:LINK1 亮,ACT1 不亮,说明本端能收到对端过来的光,对端收不到本端过去的光。原因分析:纤芯有问题。

第三种情况:LINK1 绿灯常亮,ACT1 黄灯闪烁,证明光路没有问题。

PTN950 设备 EF8F 单板如图 3-8 所示。

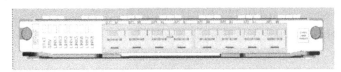

图 3-8　PTN950 设备 EF8F 单板

EF8F 单板面板上的指示灯有:

工作状态指示灯(STAT)——红、绿双色指示灯。

状态指示灯(SRV)——红、绿、黄三色指示灯。

端口连接状态指示灯(LINK)——绿色指示灯。

EF8F 单板上有 8 个 LINK 指示灯,分别对应 8 个端口,LINK 灯显示绿色,证明光路没有问题,LINK 灯不亮,说明光路不通,检查光缆、尾纤是否有问题。

PTN950 设备 CXP 单板如图 3-9 所示。

图 3-9　PTN950 设备 CXP 单板

TND1CXP 单板主要功能(见表 3-2)如下:

- 支持系统控制与通信功能。
- 完成单板及业务配置功能。
- 支持主备保护功能。
- 处理二层/三层协议数据报文。
- 监测 PIU/FAN 单板状态。
- 支持业务接入、处理和调度功能。
- 总业务交换容量 8 Gbps。
- 支持 6 个接口槽位。
- 提供辅助接口。
- 支持网管网口、网管串口和扩展网口各 1 路。
- 支持两路外时钟或外时间接口。
- 支持时钟功能。
- 支持 1588V2 时钟时间处理协议。
- 支持 E1、T1 时钟的外时钟处理。

- 支持 DCLS 或 1PPS+串口时间信息的传送处理。
- 支持同步以太的时钟处理。

表 3-2　TND1CXP 单板主要功能

面板接口	接口类型	用途
ETH/OAM	RJ-45	网管网口和网管串口/测试网口
CLK1/TOD1	RJ-45	外时钟和外时间输入输出 1
CLK2/TOD2	RJ-45	外时钟和外时间输入输出 2
EXT	RJ-45	扩展网口

PTN950 设备 CXP 单板指示灯情况如表 3-3 所示。

表 3-3　PTN950 设备 CXP 单板指示灯情况

指示灯	颜色	状态	具体描述
单板状态指示灯 STAT	绿	亮(绿灯)	单板工作正常
	红	亮(红灯)	单板硬件故障
	无	灭	单板没有开工或单板没有被创建或单板没有上电状态
软件状态指示灯 PROG		亮(绿灯)	上层软件初始化,或软件正常运行
		亮(红灯)	内存自检失败,或上层软件加载不成功,或逻辑文件丢失,或上层软件丢失
		100 ms 亮 100 ms 灭(绿灯)	正在进行写 FLASH 操作或软件加载
		300 ms 亮 300 ms 灭(绿灯)	正处在 BIOS 引导阶段(上电/复位过程中)
		100 ms 亮 100 ms 灭(红灯)	BOOTROM 自检失败,或者逻辑加载失败
时钟状态指示灯 SYNC		亮(绿灯)	时钟工作正常
		亮(红灯)	时钟源丢失或时钟源倒换
交换主备指示灯 ACTX		亮(绿灯)	1+1 保护时,表示交换主用状态;无保护时激活成功
		灭	1+1 保护时,表示交换主用状态;无保护时未激活
主控主备指示灯 ACTC		亮(绿灯)	1+1 保护时,表示主控主用状态;无保护时激活成功
		灭	1+1 保护时,表示主控主用状态;无保护时未激活

二、常见故障及处理方法

(一)传输引起基站断站

表现为基站主设备直流供电正常,风机运转、各板卡部件指示灯闪亮,但基站业务中断退服,可以判断为非主设备、电源故障,而是传输故障。此时通信运营商网管中心基站监控终端和传输监控终端将监控到基站业务或传输业务中断,并发出故障处理指令。主要有以下原因:

(1)站内连接DDF架至无线设备连接故障。基站维护人员到基站后,通过DDF架向主设备下行打环(用同轴U形头将上端业务2M线环回连接),查看BTS指示状态(如华为设备,在打环后LINK1指示灯灭表示该段连接正常;若常亮,表示该段连接故障)。需检查DDF架至无线设备间的2M连线接头、焊接、紧固等部位是否异常,常见紧固螺丝有无松动、虚焊、脱焊等情况,做相应处理,再行打环测试,恢复正常即可,并打电话询问监控人员确认恢复。站内传输连接故障多为DDF架端2M接头松动或缆芯焊接松动引起。

(2)光缆中断。此类故障率较高。由于传输光缆遍布城乡、道路、山野、田地,经常因自然灾害、外力施工、车辆挂断、盗割、人为破坏等造成光缆中断。

基站维护人员到基站后,通过DDF架向远端传输机房上行打环(用同轴U形头将上端业务2M线环回连接),并打电话询问监控人员,若仍然断路,在排除站内连接因素后,可确定为站外光缆中断。由光缆维护人员利用光缆测试仪测试出光缆断点与基站之间的距离,并在站外找出光缆断点,将光缆从杆路取下,重新剥线、整理光纤,利用光缆熔接机进行光纤对应熔接,在与网管监控验证确定业务恢复后,用光缆接头盒进行固定封包处理。

(3)传输设备故障。多为光收发器、尾纤接头等部位故障,原因为连接松动、基站高温等,相应紧固、降温处理,个别电源重启即可恢复。对于较为深度的光端机故障,建议更换光端机以快速恢复业务,并对光端机进行送修处理。

(4)基站闪断。对于基站数秒至数分钟频繁闪断故障,多为尾纤、2M线、光端机、基站主设备等环节设备故障、连接松动等引起,也有远端机房DDF架连接松动引起,需认真检查,并重点观察直至彻底解决。

(5)割接断站。因业务增减调整、故障维修等原因,传输线路、业务承载常有割接操作,且需有断站情况出现。部分通信运营商基站断站0~6点时段不在断站考核范围,割接工作也被安排在0点以后进行。个别割接没在此时间段进行,属于违规操作而引起断站,责任不应由维护单位承担。

传输故障处理的一个基本方法是环回法(见图3-10)。逐级逐步环回,定位故障站点。

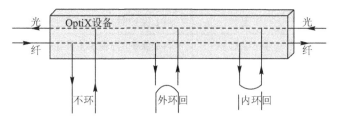

图3-10 支路环回概念示意图

传输环路上的站点,只有在东西双向的光路都断的时候,才会成为孤岛,导致业务中断。但传输链路上的站点,只要上游光路不通,之后的站点都会成为孤岛,导致业务中断。

光板维护的注意事项如下:

（1）光接口板上未用的光口一定要用防尘帽盖住。

（2）日常维护工作中使用的尾纤不用时,尾纤接头也要戴上防尘帽。

（3）不要直视光板上的光口,以防激光灼伤眼睛。

（4）清洗光纤头时,应使用无尘纸蘸无水酒精小心清洗,不能使用普通的工业酒精、医用酒精或水。

（5）更换光板时,注意应先拔掉光板上的光纤,再拔光板,不要带纤插拔板。

(二)基站环路故障

基站环路故障是日常维护中出现的一种常见故障,其现象为传输通道正常,信令显示环路,传输 DDF 架挂表测试显示无告警或 RA(对告),基站无法正常运行。

通过对日常故障进行分析,基站环路故障的形成原因一般可以归结如下:

（1）2M 头连接处或交叉机插头虚焊、虚插。

（2）基站设备 T43 或其他板件吊死。

（3）交叉机端口故障或 BSC 端口故障。

（4）传输 ET 板端口吊死。

（5）两个以上 2M 线交叉鸳鸯。

（6）2M 线对接端口静电累积。

图 3-11 为 GSM 网络中基站信号流程图及传输维护界面。

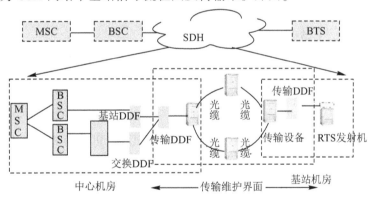

图 3-11　GSM 网络中基站信号流程图及传输维护界面

环路现象有可能在移动网络系统信号流经的各个环节发生,所以其处理方法一般采取逐段断开的方法来定位故障发生的具体位置。

首先,在基站侧传输设备插入告警,断开 BTS 信号,在基站网管上查看环路是否断开。若环路断开,则说明环路发生在基站机房的传输设备到基站设备之间,需要到现场进一步检查 2M 线接头、接口板以及设备单板等;若环路没有断开,则说明环路发生在基站传输设备到中心机房之间。再在该业务的中心机房传输落地位置插入告警或现场断开该 2M 接头,从基站网管上查看该环路是否断开,若环路断开,则说明该环路发生在传输 SDH 系统内,那么就要检查传输配置或设备问题;若环路没有断开,则说明环路在交叉机或 BSC 以上。依次类推,分段检查就一定可以判断出环路发生的具体位置。

当然,以上方法也可以从 BSC 或交叉机向基站方向逐段检查。

鉴于此故障频繁出现,所以应该针对此故障有一个完善的处理方案。一是针对此故障,所有涉及班组应该共同处理,如果单独一个班组处理,在判断到不是本班组维护范围内时,通知其他班组处理就会浪费不必要的时间;二是完善资料,并实现资料共享,可以在故障发生的第一时间查找相关资料,缩短故障时长。

(三)故障案例

【故障案例1】 光缆中断引起的传输设备光板告警

案例描述:

光缆中断是指连接两个基站的外部架空或地埋光缆由于某种自然原因或人为原因出现中断现象,此时光缆所连接的两个基站的光板会同时出现告警,处理此种故障时需要进行逐段排除来确定故障的真正原因。

处理办法:

(1)首先对其中一个基站内的光板进行带纤自环,具体方法是用法兰盘将光板的 ODF 方向的圆头纤芯进行自环。

(2)此时观察光板的指示灯,如果告警消失,说明光板、连接光板和 ODF 的尾纤都正常,此时故障原因初步定为在连接两个基站的光缆上。

(3)用光功率计接收对端基站光板发过来的光信号,如果显示收无光,说明光缆确实已经中断,此时需要同时通知线路中心维护人员对光缆进行修复。

【故障案例2】 上游引起本站断站

因为上游基站停电、二次下电、传输设备故障、光模块故障、尾纤和光缆等各环节障碍引起,表现为本站供电正常,而上游来路光纤无光。通过询问传输网管上游站传输运行状态,即可判断由基站或线路人员进行维修。

【故障案例3】 本站断站

若本站电源正常,东向或西向收发光正常,断站原因很可能为2M线、传输设备、主设备本身故障。与网管核实光端机状态、2M状态、业务配置状态是否正常,并做相应处理。或进行设备自环、远端环回、设备重启、更换板卡等,与网管配合沟通处理。

三、协调工作

传输故障处理,需要传输监控人员、基站监控人员、传输维护人员、基站维护人员、设备厂家人员等多方配合,在故障处理过程中多次进行业务沟通,直至业务恢复。因此,维护人员熟练掌握传输故障处理流程和牢记相关业务电话是进行该项工作的基本前提。

第四章　基站机房维护

一、定义

基站机房是为移动通信基站设备提供安全运行环境的基本建筑设施(见图4-1),是宏蜂窝基站存在的主要形式。个别覆盖区域补盲作用的室外一体化或微蜂窝小基站,以线杆、屋顶等为依托建设,不需要机房建设。

基站机房面积一般在20 m² 左右,分直接租赁、使用所在建筑物的房间,或在所在场地上自行建设基站机房。从产权归属分为自有房、租赁房;从建筑形式分砖混结构房、简易活动房(见图4-2)、方舱基站。

图4-1　基站机房信号塔

图4-2　基站机房

二、常见维护内容

(1)房屋漏水。主要表现在房顶漏水,与建筑工艺、材料质量、承重能力、年久失修等有关。特别在雨季,渗漏雨水可使基站电气设备短路损坏,造成业务障碍和经济损失。维护人员应及时发现渗漏隐患,避免影响基站运行,并及时报送、协调、配合通信运营商管理人员组织专业施工人员进行防漏处理。

(2)房屋密封。为保证移动通信基站的恒温、防盗、防尘、防鼠虫等作用,基站机房通常采用无窗设计,在关门关灯情况下不能看到任何透光现象,应用防火泥等材料有效封堵馈线窗、电缆墙洞等透风透光部位,以保证房屋密封效果和空调恒温效果。此为基站3A工作的重要内容之一。

(3)基站防盗。由于基站蓄电池(见图4-3)、空调、个别铜质馈线、电缆等设备设施的材料价值,以及所处环境复杂多样,使基站成为不法分子的破坏和盗窃目标。基站防盗是基站安全管理的重中之重。代维单位应加强基站巡检、安全隐患排查,并积极建议和配合通信运营商基站防盗技改工作,比如安装电池防盗网,安装卫星定位设备,储备催泪瓦斯等。

图 4-3　蓄电池组和防盗网

（4）基站破坏。不法分子为了实施盗窃,有可能实施破坏防盗门及门锁、墙壁、馈线窗等犯罪行为。代维人员应及时发现,积极协助通信运营商管理人员处理警情,并配合修复损坏设施。更换防盗门锁、修复墙壁所需费用由通信运营商承担。

（5）基站防汛。由于基站所处地理环境多种多样,特别是在低洼和土质疏松地带,房基易受雨水冲刷而出现险情。可根据地形在基站周围修筑排水沟,对周边土壤进行护坡、硬化处理。

三、协调工作

基站房租、电费等交纳是通信运营商与所在业主之间的主要工作,由于经济社会的不断发展变化,经常需要协调房租、电费价格调整、合同续签等工作。代维人员要及时真实地向通信运营商管理人员反映该类情况,高效完成相关配合工作。

第五章 铁塔支臂维护

一、定义

移动通信基站信号的接收和发送靠主设备天馈系统(天线+馈线)来完成,为承载天馈线重量并保证天线处在一定空间高度的设施,称为天线支臂系统,多以铁塔等结构建设。通信运营商基站常用四脚铁塔(见图5-1)、三管塔、独管塔(见图5-2)、拉线塔(见图5-3)、增高架、抱杆、H杆以及其他美化伪装天线等形式。

图5-1 四脚铁塔

图5-2 独管塔

图5-3 拉线塔

二、常见维护内容

(1)安全检查。四脚塔、三管塔、管塔等大型铁塔,一般依地面而建,高度在 50 m 左右,质量在 15 t 左右,塔基安全尤为重要。若土方塌陷造成塔基裸露,应及时进行土方回填夯实,并开挖导流渠,必要时申请铁塔运营商进行硬化加固处理。

(2)所有铁塔支臂维护,都应关注螺丝、拉线等零件的丢失、损坏、锈蚀等情况,及时进行紧固、补装、防锈处理。需专业施工力量进行的工作,如年度铁塔除锈工作是由通信运营商安排专业单位进行的,代维单位应积极协调配合。坚决避免高空坠物情况发生。

三、协调工作

个别群众听说移动通信基站信号对人体有害,强烈要求拆除基站,代维人员应积极配合通信运营商管理人员做好宣传和解释工作。目前,移动通信磁场照射标准值为 40 $\mu W/cm^2$,在国内通信行业严格到 8 $\mu W/cm^2$,而事实检测值往往小于 1 $\mu W/cm^2$,个别值达到 2 $\mu W/cm^2$,对人体远远构不成危害。

第六章　电度表、闸刀维护

一、定义

基站用电的顺序是:进户线→电度表→闸刀开关→保险盒(见图 6-1)→用电器。电是商品,有偿用电;电度表(见图 6-2)是基站负载用电量的计量装置,一般采用 20~40 A 交流三相电表。为实现供电与否的可操作性,需要安装闸刀空开装置,负责电源通路供应、短路保护、施工维护使用等,一般采用 100~150 A 三相熔丝闸刀或空开(见图 6-3)。

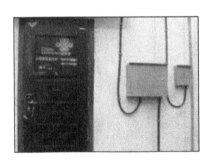

图 6-1　保险盒　　　　　图 6-2　电度表　　　　　图 6-3　空开

停电检修时,应先停低压,后停高压;先断负载开关,后断隔离开关。送电顺序则相反。切断电源后,三相线上均应接地线。

二、常见故障处理

(一)电表烧毁

原因多为 1、3、5 进线,2、4、6 出线或 0 线松动,影响电表计量精度、故障或烧毁电表。日常维护应注意检查接线端子螺丝是否松动。维护人员应熟练掌握电表安装连接方法、读取电表度数及负载功率换算方法。怀疑电表计量精度不准,造成业主投诉时,可拆回电表进行计量校准或更换电表。属电力管理部门管理的电度表禁止拆封。

(二)闸刀故障

因质量原因,闸刀内接触点碳化、熔化,造成交流缺相,必须重新更换闸刀或空开;基站使用闸刀一般为 63 A 或 100 A,负载过大或线路短路,长时间超负荷运行会造成发热,使螺丝松动并烧化空开,造成供电故障,更换大电流空开即可。

(三)频繁跳闸

此类故障经常出现,除设备质量因素外,最主要的是外电电缆连接问题,常见于外电接火至闸刀空开之间火线或零线连接松动引起,认真检查,排除即可。

安全提示:

更换电表或闸刀空开前,必须关闭所有用电负载,保证连线连接紧固,重新合闸送电前关闭所有用电负载,合闸后再逐一开启用电负载。

三、协调工作

处理电表或闸刀故障,经常遇到需业主或周边群众一起断电的情况,维护人员需提前告知并协调处理,避免引起纠纷;若需基站主设备断电,需电话通知远端网管中心进行基站业务关闭后再行处理。需要进行电表更换、校对工作时,需与业主充分沟通约定,双方记录电表读数。

第七章 交流配电箱维护

一、定义

交流配电箱(见图7-1)负责将交流电源向组合开关电源柜、室内照明、电源插座、基站空调及其他交流用电设备进行电源分配供应。由市电、油机进线端子、出线端子、空开、转换开关、电压电流互感器及指针、指示灯、箱体等零部件组成(见图7-2)。

图7-1 交流配电箱

图7-2 交流配电箱内部图

二、常见故障处理

配电箱烧毁:通信运营商基站交流配电箱符合设计,满足使用要求,一般不会出现故障,最常见也是最严重的故障就是进水造成配电箱烧毁甚至火灾。常见配电箱上端正好是外电引入墙洞,如果工程施工未做墙洞密封处理,雨水极易顺外电缆流入配电箱,在空开分配三相铜条处形成短路,不断打火,最终造成配电箱烧毁,甚至殃及其他电缆或整个基站的安全。

大量事故证明,目前基站使用配电箱进水是唯一故障,配电箱若有损坏必须更换。

安全提示:

维护人员应熟练掌握交流配电箱结构和工作原理,在巡检过程中密切注意包括配电箱在内的各墙洞密封防水问题,防患于未然。各类入墙墙洞的钻孔应内高外低,防止雨水进入。

【故障案例】 配电箱烧毁

2020年7月,某基站野外砖混独立机房,基站烟感、停电告警。维护人员现场查看后发现配电箱已烧毁,原因为雨水顺电缆通过墙洞流入配电箱,至空开分配三相铜条处形成短路,并起火烧毁配电箱,粉尘和烟雾弥漫整个机房。重新更换配电箱,清理污染物恢复机房原状。整个过程耗费大量时间、人力、车辆、燃油、材料成本。因此,必须避免各种途径引起的基站进水。

第八章 基站空调维护

一、定义

基站(制冷)空调(见图8-1)可使基站室内空气保持在恒温恒湿状态,满足基站机房运行温湿度要求,一般设定在制冷26 ℃。在河南,基站空调可选择单冷空调,只用于基站降温。基站空调一般为3P柜机,交流三相电源供电,主要在春、夏、秋季节工作,全天24 h运行,冬季气温低于室温情况下可关闭。关闭时间一般在10月底至翌年3月初。部分小空间、大负载、热量大的基站可酌情决定是否关闭空调。

图8-1 空调室内机

二、常见故障处理

因基站空调运行特点,空调故障主要为零部件故障、缺失氟利昂、系统保护等情况,可通过报修更换零部件、添加氟利昂、清洗室内机滤网和室外机(见图8-2)散热片等进行故障排除。基站内目前普遍采用上海大金、广州松下、美的及其他品牌空调,不同品牌空调具体故障特点、告警代码不同,维修方法视具体情况而定。

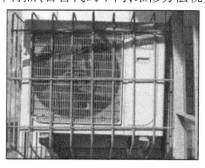

图8-2 空调室外机

● 上海大金空调故障部分告警代码:

U1:交流反相,在空调接线端子将交流电源任意两相火线互调,重启空调即可排除。

E0:交流缺相,检查电缆连接,解决市电供应缺相问题,重启空调即可排除。

E3:室外机高温保护,利用高压喷壶和清水或专用清洗剂,将室外机散热片清洗干净,重启即可排除。

E4:无氟里昂,需添加氟利昂。

F3:缺氟利昂,压缩机保护,补充氟利昂或申请由专业人员维修。

- 广州松下空调故障部分告警代码：

F01：反相，松下空调一般具有自动调相功能，重启即可。

F11：压缩机保护，需专业人员维修。

F91：缺氟利昂，需添加氟利昂。

定时灯闪烁一般为缺氟。

- 三洋空调故障部分告警代码：

P02：电压低，缺氟。

P03：缺氟。

P04：外机脏、外电机坏。

P05：反相。

E04：外机保险管、变压器、外机板坏。

E06：内机板坏。

H01：压机电流过大。

H02：压机电机卡。

P01：内电机坏。

- 美的空调故障部分告警代码：

E1、E2、E3：温度传感器坏。

E6：外机保护。

P4：内机保护。

P5：外机保护。

- 海信空调故障部分告警代码：连续按6下遥控器（高效）按钮

E1：内机温度传感器不良。

E2：内外交换器温度传感器不良。

E3：室外机热交换不良。

E4：外机温度传感器不良。

E5：过久压保护。

E6：防冻保护。

E7：高温保护。

E8：外机环境温度过低保护。

- 海信空调不能自启的解决方法：

按遥控器定时关1下，预约取消2下，重复操作3次，（蜂鸣器响5声）或启动空调响2声，设定完成，如不好，更换内机板。

- 海尔空调故障部分告警代码：

E57：缺相、反相、缺氟。

以上为日常维护常见故障告警，具体参阅使用说明书或咨询专业维修人员解决。但仍有大量故障，比如电容、电阻、电机、风机、主板等故障，代维人员需报请通信运营商管理人员协调厂家维修人员维修，并查看空调出厂日期，为空调是否超过保修期或是否付费维修提供参考。

重点提示：

因基站空调所处环境复杂，保持空调室外机散热片、室内机防尘滤网清洁，是空调维护工作的基本内容。因此，在空调运行季节，维护人员要充分保证设备的清洁。为促进行业节能减排，维护人员要根据甲方安排在冬季积极开展空调关闭工作，并于春季回暖之前开启空调。部分基站可根据具体情况决定是否关闭空调。

空调日常维护项目：

◆ 过滤网(见图8-3)

◆ 蒸发器、冷凝器

◆ 加湿器

◆ 压缩机、风机

◆ 制冷循环部分、气流部分

◆ 自动开机功能

过滤网检查项目：

◆ 是否需要清理或更换

◆ 气流是否被堵塞

提示：滤网被堵不是肉眼可见的。

蒸发器(见图8-4)检查项目：

◆ 清除蒸发器外表脏物

◆ 检查与梳理翅片

提示：发生低压保护与蒸发器散热不良直接相关。

月度维护项目：

◆ 过滤网(见图8-5)

◆ 蒸发器、冷凝器

◆ 加湿器

◆ 压缩机、风机

◆ 制冷循环部分、气流部分

◆ 自动开机功能

图8-3　防尘过滤网

图8-4　蒸发器

图8-5　防尘过滤网

半年度维护项目，除月维护内容外，还包括：

◆ 电路板以及电气连接

◆ 热力膨胀阀

◆ 压力检查(关键)

◆ 电气盘,如电气接头、启动电容、电缆

空调相关知识:

(1)制冷剂不足是空调的常见故障,多数是由制冷系统泄漏引起的。一般来说,泄漏常发生在阀门、接头、焊缝等处。最简便的方法是用肥皂水检漏。

(2)空调器一般采用机械压缩式的制冷装置,其基本的元件共有四件:压缩机、蒸发器、冷凝器和节流装置,四者是相通的,其中充灌着制冷剂(又称制冷工质)。压缩机像一颗奔腾的心脏使得制冷剂如血液一样在空调器中连续不断地流动,实现对房间温度的调节。

(3)制冷剂通常以几种形态存在:液态、气态和气液混合物。在这几种状态互相转化中,会造成热量的吸收和散发,从而引起外界环境温度的变化。从气态向液态转化的过程,称为液化,会放出热量;反之,从液态向气态转化的过程,叫作汽化(包括蒸发和沸腾),要从外界吸收热量。

(4)低压的气态制冷剂被吸入压缩机,被压缩成高温高压的气体;而后,气态制冷剂流到室外的冷凝器,在向室外散热的过程中,逐渐冷凝成高压液体;接着,通过节流装置降压(同时也降温)又变成低温低压的气液混合物。此时,气液混合的制冷剂进入室内的蒸发器,通过吸收室内空气中的热量而不断汽化,这样,房间的温度降低了,它又变成了低压气体,重新进入压缩机。如此循环往复,空调就可以连续不断地工作。

(5)空调在正常工作时,压缩机的吸气压力为 400 ~ 580 kPa,排气压力为 1 500 ~ 1 900 kPa。

(6)制冷系统工作时,制冷剂在冷凝器中液化,放出热量,在蒸发器中汽化,吸收热量。

(7)机房专用空调的送风管道应设计、布放合理,气流组织、送风噪声等符合制冷设计要求,各送风口的风压、风量符合设备或系统的设计指标。

(8)干燥过滤器的作用是吸附水分和过滤杂质,它一般安装在膨胀阀之前。

(9)在相同压力下,R22 的沸点大于 R12,R22 的汽化潜热小于 R12。

(10)制冷系统四大部件中,毛细管连接在压缩机与蒸发器之间。

(11)制冷压缩机工作时,高压过高、低压过低的原因一般是制冷系统发生堵塞。

(12)制冷压缩机工作时,高压过高、低压过低的原因可基本判断为制冷系统发生泄漏。

(13)使用氧气-乙炔气焊设备焊接紫铜管时,一般选取低焊焊条或磷铜焊条。

(14)空调压缩机电动绕阻,对地绝缘电阻应大于 2 MΩ。

(15)空调压缩机功率较大时,必须对其电路接熔断丝、交流接触器及过载保护器。

(16)空调制冷压缩机最主要的技术参数是制冷量、功率、能效比、噪声。

(17)空调器中的电磁换向阀也称四通阀,由它改变制冷剂流动的方向,从而实现制冷和制热的变换。

(18)空调工作时,充注制冷剂必须从低压端充注。

（19）制冷剂过少将导致蒸发压力过低，严重时蒸发器结霜。

（20）制冷系统四大部件是：①压缩机；②冷凝器；③节流阀（家用的制冷电器使用的节流阀是细铜管，也叫毛细管）；④蒸发器。

（21）能效比是衡量空调经济性能的指标。

（22）室外机电机转速过慢、翅片灰尘堵塞、通风不畅，都会引起高压报警。

（23）在制冷系统中，如果某个零部件有局部堵塞，那么在这个零部件的进口和出口一定会有温差出现。

（24）热泵型空调器在制冷工作状态时，四通换向阀的电磁线圈不通电。

（25）干燥过滤器的作用是吸附制冷系统中残留水分和过滤污染物。

（26）空调室内滤网严重堵塞，会使蒸发器出现低温结霜现象。

（27）空调制冷剂过多可能引起空调高压报警，或造成压缩机工作电流大。

（28）空调中的毛细管如果发生堵塞，会使排气压力升高，压缩机运转电流增大。

（29）基站空调处于制冷状态时制冷液的流向：压缩机高压口排出—冷凝器—毛细管—蒸发器—回到压缩机。

（30）普通基站空调的制冷剂型号是 R22。

（31）由于基站空调需要在无人值守、外界环境恶劣等条件下长时间运转，为能更好地保障基站内通信设备的正常运转，日常的维护与保养就显得尤为重要，其内容主要包括风循环系统、电气系统、制冷系统三个方面。

（32）风循环系统。检查过滤网是否脏堵：打开室内机进风格栅，抽出过滤网，用清水冲洗干净后晾干，或者用刷子等工具将过滤网上的灰尘清除，完毕后装好即可。

检查室外机冷凝器上是否脏堵影响换热：如果冷凝器表面灰尘附着较多，可用软毛刷沿垂直方向清理杂物，也可以用中性洗涤剂稀释后辅助清理，清理过程中避免毛刷沿平行方向移动，以免把翅片刮倒或割破手，也可以使用高压水枪对冷凝器进行冲洗，但避免水压过高对翅片造成损伤。

（33）电气系统。检查空调输入电压、运转电流是否正常：测量输入电压是否在国家标准范围内，如过高或过低，要与使用方协调，采取一定的补救措施，防止因此而造成设备损坏。测量运转电流是否在额定范围内（须以电源电压为额定电压为前提），如在电源电压正常的情况下出现电流偏大或偏小，说明空调存在故障，需对制冷系统和通风系统同时进行检查，以确定故障点并予以排除。

检查电源、配电各部件、接线端子是否牢固：检查配电箱、电源插座、空开、空调供电电路及其室内外机的接线柱和接线端子是否有发热、打火、烧焦等安全隐患。

（34）检查空调电源线、室内外连接线有无破损、老化龟裂现象：仔细检查电气连接线是否有破损迹象，查阅基站记录，空调是否有异常跳闸记录，用兆欧表表笔一端接空调电线接线端，一端接地线或空调金属裸露部分（如铜管），测量绝缘阻值是否在 3 MΩ 以上，如果测量阻值小于 3 MΩ 或无阻值，说明线路中已有短路的地方，断开内外机连接线，分别对内外机及连接线进行检测，确定故障点并予以排除。要特别注意不要用大于 500 V 的绝缘摇表，否则会损坏压缩机。

（35）检查易损电器元件的好坏。易损电器元件主要指风扇电机、压缩机、风机电容等。根据不同电器元件的特性,及时发现其存在的隐患。

(36)检查空调进出风口温度差是否正常。在空调器系统运转平衡(大约 30 min)后,将空调风速设置到"高速"挡,将温度计分别放在距离空调进出风口附近的位置,待温度计读数稳定后锁定数据,如果温度差小于标准,则说明空调制冷效果差,需检查空调制冷剂是否充足或过量、室外机散热是否正常;如温差过大,则需检查制冷剂是否充足、室内机通风是否正常。空调在制冷模式下,其进风口和出风口之间的温度差要达到 9~13 ℃以上。

(37)测量空调的运转、平衡压力。在空调运转状态下,拆下空调低压检修口密封螺帽,将加液管一端与压力表连接,另外一端带顶针的接头快速与检修口连接,连接过程要迅速,以防止制冷剂喷出冻伤手指。以 R22 制冷剂为例,要检测蒸发压力(俗称"低压"),常温下(17~43 ℃)为 0.4~0.6 MPa;冷凝压力(俗称"高压"),常温下为 1.8~2.3 MPa;平衡压力,常温下一般为 0.8~1.1 MPa。

(38)检查各管路接头及冷媒管路是否有泄漏。仔细检查室内外机的连接接口、冷媒系统管路两部分是否存在泄漏造成的油渍。如确定制冷剂泄漏,先根据压力、电流等参数补加制冷剂,然后在待机状态下将肥皂水均匀涂抹在有油迹的管接头处,如有气泡冒出,说明该处泄漏,用扳手将其拧紧后再检漏,直到 3 min 内无气泡冒出即可。

(39)其他检查项目:检查室内机运转过程中是否有异常噪声和振动。

检查室内机冷凝水流出是否顺畅,室内机水管接头处有无裂缝、渗漏现象。

检查室外机固定支架、底脚螺丝有无松动现象,机组运转过程中有无异常噪声和振动,室外机风扇叶有无破损,运转是否平衡。

检查空调强制断电后再次上电 5 min 后确认断电自恢复功能的正常确认。

注意:加氟利昂前必须抽真空,如不抽真空,将造成空调制冷效果不好,严重时造成冰堵,损害空调。加氟利昂时,一般温度在 25 ℃时,压力为 0.4 MP,35 ℃时压力为0.47 MP。一般温度在 37~38 ℃时,压力为 0.5 MPa,最为合适。加多了机器负荷大,加少了制冷效果差。

三、协调工作

夏季因空调故障停止工作,继而使基站处于高温环境,会产生电源柜高温蜂鸣告警、主设备风扇高速运转噪声、隔壁房间住户高温投诉等一系列问题,基站维护人员要第一时间赶往现场,迅速排除扰民情况;需配合厂家人员维修的要一起完成故障处理,并保证基站主设备正常运行。

第九章　照明、插座维护

一、定义

基站机房为密封环境,需安装两套照明灯具,并在设备前后两侧墙壁连接两处电源插座(含两孔和三孔插座,左零右火,中间孔为地线孔),以保证站内工作正常进行。照明、插座的运行状况是基站维护工作能否高效进行的基本保障,是基站巡检工作的重要内容。

二、维护工作内容

维护人员要时常检查照明、插座是否损坏,并保持备料库存,及时维修或更换。禁止出现灯具脱落摇摆、线头裸露无绝缘处理等;电源线绝缘层应完好,无划伤,不扭曲、不打结,在线槽内横平竖直规范布放。电源线断点接头应结实牢固、工艺平滑;绝缘胶带缠绕应平整、严密、层数合理,防水防腐良好。

注意:个别基站插座扣盖丢失或破损,插孔铜片裸露。因站内空间狭小,极易发生接触触电事故,所以要及时补装修复。

第十章 防雷箱维护

一、定义

基站防雷箱(SPD)也称浪涌抑制器,在电网防雷等级内称为 B 级防雷,是在市电进入基站环节的首道防雷屏障(变电站、变压器防雷称为 A 级防雷,基站防雷箱称为 B 级防雷,组合开关电源防雷称为 C 级防雷、D 级防雷),主要由箱体、三火一零四个防雷片、接地件组成。防雷箱(见图 10-1)并联于交流配电箱输入端,上端三相火线和零线引入,下端地线引出(见图 10-2),防雷模块(见图 10-3)采用压敏电阻,处于常开状态,遇到 1.75 kV、40 kA 雷电袭击及电源短路自行导通,将强电压大电流雷电泄放于大地,从而起到保护站内设备的作用。

图 10-1 防雷箱

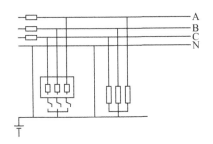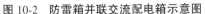

图 10-2 防雷箱并联交流配电箱示意图   图 10-3 防雷模块

二、常见故障处理

防雷器在防范电流和电压范围内能有效释放雷电,但遭遇强雷击超出额定范围时,会造成避雷器模块击毁、击碎,所以人们通常认为防雷器是一次性的,其实在损坏之前可能已起到多次释放雷电的作用。因防雷模块为阻燃材料、无负载,以及处在铁质避雷箱中,一般不会造成火灾,损坏以后更换即可。一般判断避雷器是否正常,查看显示窗口即可,绿色或无色为正常,变为红色表示已损坏。

三、安全提示

避雷器与交流配电箱为并联连接,不受交流配电箱开关控制,在更换防雷模块时可能要带电操作。因其没有下挂负载,不会产生打火现象,只需注意逐相取下电源线,用绝缘胶带进行绝缘处理,在固定好防雷模块后再逐相取下胶带安装紧固连线,并安装地线即可(适用于北京恒和防雷箱)。

近几年通信运营商在基站建设中,大量引进烟台玛斯特防雷箱 LMP-II/100,其中安装有空气开关,可以切断电源后进行更换,并且基本都在质量保修期内。采用 LED 指示灯显示,正常运行状态为 A、B、C 三相指示灯亮,N 零线指示灯灭,若零线指示灯亮或弱亮,表示零线带电,应进行排除。

第十一章 接地系统维护

一、定义

基站接地系统是通过避免雷电侵袭和漏电静电危害从而达到保护基站设备设施安全运行目的的综合接地保护装置,接地范围包括铁塔接地网和基站接地网,按接地种类分为防雷接地、保护接地和工作接地,三者采用联合连接输入大地,即联合接地(见图11-1)。

雷电入侵的途径包括电力线、馈线、光缆以及其他金属或导电介质。雷电引入装置分避雷针、避雷带、避雷网三种,前两者一般设在房顶,后者一般在电气线路中(见图11-2)。避雷针所保护设施应在避雷针45°内。

图11-1 室内接地保护排

图11-2 避雷设计

在中国发现的雷电种类主要有直击雷、球形雷、感应雷和雷电侵入波等四种。

直击雷是雷电与地面、树木、铁塔或其他较高的建筑物等直接放电形成的,直击雷的直击能量很大,雷击后一般不会留下烧焦、坑洞、突出部分削掉等痕迹。(直击雷会在金属物体上产生剩磁,并能维持50余个小时。)

球形雷是一种紫色或灰紫色的滚动雷,它能沿地面滚动或在空中飘动,能从门、烟囱等一切孔洞、缝隙进入室内,遇到人体或物体后进行释放,对人体或物体构成严重的危害。

感应雷是指感应过电压,雷击于电线或电气设备附近时,由于静电和电磁感应将在电线或电气设备上形成过电压,最高峰值可达50 kV,没有声音并不意味着没有遭受雷击。

雷电侵入波是雷电发生时雷电流经架空线或空中金属物产生冲击电压,冲击电压又随金属体的走向迅速扩散,从而对人体及物体造成危害。

目前,基站通信设备的前端采用了共四道防雷设施,即A级、B级、C级、D级。

A级一般采用的是氧化锌,防雷器大都安装在10 kV下线的变压器端,主要防止高压线路上遭雷击后保护变压器及后端的低压负载。

B级防雷器主要安装在机房内,位于交流引入后端、交流配电箱前端,它能直接承受雷击入侵电源线路的大部分浪涌电流,能够将大部分入侵的浪涌电流泄放入地,B 级防雷器一般采用 80~120 kA 的通流量。

C 级防雷器一般安装在高频开关电源内部,即 B 级后、D 级前 LPZ1 区与 LPZ2 区之间,能够承受经过 B 级防雷器泄放后的入侵浪涌电流,并能对电压起到抑制作用,最大通流量一般采用大于 40 kA。

D 级防雷器一般安装在 LPZ2 区与 PZn 区之间,它将对设备做精细保护,能够对前级浪涌残压进行进一步抑制,使雷电流残压小于被保护设备所能承受的最大工作电压水平。特别是 B、C、D 级三级防雷器,前面已经讲述了可对雷电起到抑制保护作用,但对市电交流浪涌在瞬间过大时同样起到抑制作用。常见的 B 级、C 级防雷器模块遭雷击后观察窗口由绿色变为红色,但也有从下部弹上来的情况。

无论哪种,如果不太严重而手边又无备件,可继续留用,因防雷器模块可遭多次的轻雷击。气体放电管就不同了,只要开路,必须立即拔掉或更换,否则漏电保护器合不上闸。

雷击强度的定义和统计见图 11-3。

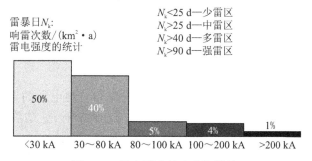

图 11-3　雷击强度的定义和统计

雷击电流的大小:
- 一类:200 kA,10/350 μS
- 二类:150 kA,10/350 μS
- 三类:100 kA,10/350 μS

二、防雷基本方法

防雷有六种基本方法:

(1)接闪(也叫传导)。也就是用避雷针、避雷网、避雷带、避雷线等装置,把闪电的强大电流传导到大地中去。

(2)均压连接(也叫搭接)。通过把各种金属物用粗导线焊接起来,或把它们直接焊接起来,从而保证等电位。

(3)联合接地。就是将工作接地、保护接地、防雷接地并联至地线。

(4)分流。就是在一切从室外来的导线(包括电力电源线、电话线或信号线、天线的馈线等)与接地装置或接地线之间并联一种适当的电涌保护器(SPD)。

(5)屏蔽。就是用网、箔、壳或管子等导体把需要保护的对象包围起来,将闪电的电磁脉冲波从空间入侵的通道全部截断。

(6)躲避。在雷雨来临时,关掉设备,拔去一切电源插头,将天线的馈线连接到接地装置上。

以上方法是有机结合的,单独一项不会起到有效的防护作用。

三、接地

(一)基站接地

按照接地的用途、性质不同,可以大体分为工作接地、保护接地、防雷接地和联合接地。

(1)工作接地:是为了电路或设备达到正常运行要求的接地。工作接地有下列几种情况:①利用大地做导线,正常工作时有电流通过接地装置流入地下,借大地形成工作回路。如直流或弱电的工作接地、计算机的交流接地等。②为了保持系统安全运行的接地,在正常工作时没有电流或只有很小的不平衡电流流过,如 110 kV 及以上的高压系统的工作接地,与 1 kV 以下变压器中性点的接地和抗干扰接地。③电子设备的逻辑电路,为了有共同参考电位(基准电位)而接地,如计算机交流接地。

(2)保护接地:是把在故障情况下可能出现危险的对地电压的导电部分同大地紧密地连接起来的接地。保护接地主要有防止人体触电的保护接地、防静电接地、电磁屏蔽接地以及电池保护接地等,计算机的安全接地也是一种保护接地。

(3)防雷接地:使雷击时所产生的雷电流能通过埋在地下的导体向大地泄放,以避免雷电能量集中而造成雷击损害的接地。

(4)联合接地:是严格的单点接地方式,不是随意的混接和就近接地,也不是只把各种接地系统连接在一起的所谓共用接地系统。联合接地是将接地系统分为地线(地线网络)和接地装置两部分来考虑的。地线(地线网络)是根据各设备接地要求来做的,不同地线之间不构成闭合回路,各种地线只在公共接地母线处一点接地。这样在某一地线上偶尔出现信号或干扰电流时,也不会互相串混产生干扰。

联合接地的优点:

①地电位均衡,同层各地线系统电位大体相等,消除危及设备的电位差。

②公共接地母线为全局建立了基准零电位点。全局按一点接地原理而用一个接地系统,当发生地电位上升时,各处的地电位一齐上升,在任何时候,基本上不存在电位差。

③消除了地线系统的干扰,通常依据各种不同电气特性设计出多种地线系统,彼此间存在相互影响,现采用一个接地系统后,使地线系统做到了无干扰。

④电磁兼容性能变好。由于强、弱电,高频及低频电都等电位,又采用分屏蔽设备及分支地线等方法,所以提高了电磁兼容指标。

通信基站系统解决方案如图 11-4 所示。

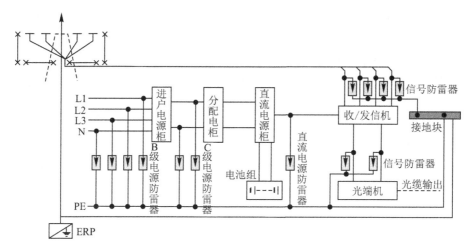

图 11-4　通信基站系统解决方案

TN-C-S 系统防雷器安装示意图如图 11-5 所示。

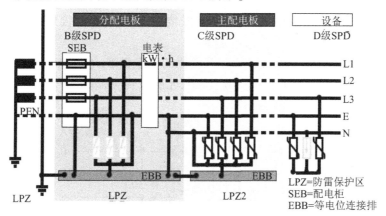

图 11-5　TN-C-S 系统防雷器安装示意图

（二）天馈线接地

（1）铁塔上安装移动通信天馈线的防雷接地。

铁塔上架设的移动通信系统馈线、同轴电缆金属外护层应在天线侧及进入机房入口处外侧就近接地,经走线架上塔的馈线及同轴电缆,其屏蔽层应在其转弯处上方 0.5~1 m 范围内作良好接地,当馈线及同轴电缆长度大于 60 m 时,其屏蔽层宜在塔的中间部位增加一个与塔身的接地连接点,室外走线架始末两端均应和接地线、避雷带或地网连接。

（2）在民用建筑上安装的移动通信天馈线的防雷接地。

对于利用民用建筑设立站址,在其建筑物房顶安装通信运营商通信天线的情况,可利用楼顶避雷带或者在楼顶的避雷网预留的接地端(相对而言,此类建筑物内的主钢筋作为防雷接地系统是安全的);而对于较低的居民楼或公共建筑物,除利用楼顶的避雷带外,为了保险的缘故,最好在楼底下专设一组接地,用 40 mm×4 mm 的镀锌扁钢引至楼顶,与避雷带焊接为一体,作为基站机房天馈线系统的接地。

- 对于和其他通信局(站)同站址的基站,基站的接地系统仅需利用原有机房的接地系统,对接地体没有什么特殊的要求。

- 建在民用建筑中的基站,应从实际出发,在机房的一侧地下,根据环境条件,可设一组接地体,接地体可用3~5根3 m长的离子接地极棒组成,在电阻率较高的地区,通信局(站)要达到规范要求的接地电阻值,可在接地极棒周围加特殊长效降阻剂。将此辅助接地系统与建筑物内的基础主钢筋焊接为一体作为接地系统。

- 雷击事故的95%以上都是由电源线、信号线引入的,运营商通信基站的防雷应建立在联合接地的基础上。

- 雷电事故与接地电阻没有明显关系,重要的是建立均衡等电位。

- 必须将基站所处的地理环境、建筑物的形式、本地区的雷电活动情况等因素进行统筹考虑,采用综合防雷措施。

- 由于TN、TT系统的接地方式不同,因此SPD的安装方式和要求也是不同的。

- 通信基站的天馈线系统是否安装同轴SPD,应从防雷的必要性和经济性原则出发,并根据基站所处具体的地理环境来确定。

- 建在电阻率较高地区的基站,若要降低接地电阻值,离子接地极棒周围加特殊长效降阻剂是最经济且降阻效果又较佳的选择。

- 通信运营商机房的防雷设计由于建筑物的类型很多,不可能用一种防雷模式去解决所有的问题,因此应因地制宜采取相应措施,才能收到应有效果。

B+C防雷箱示意图如图11-6所示

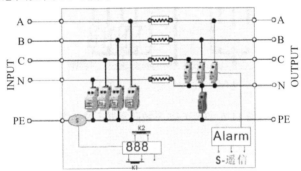

图11-6　B+C防雷箱示意图

全系列防护产品如图11-7所示。

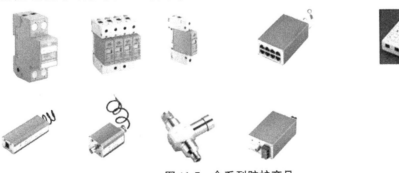

图11-7　全系列防护产品

(三)接地范围

(1)铁塔防雷接地网:采用40 mm×4 mm型号镀锌扁铁接地导线,包括从避雷针引下一根接地扁铁与铁塔四脚引出的接地扁铁焊接共同入地,埋深大于0.7 m,四脚接地扁铁向4个方向辐射10 m以上。避雷针引下接地扁铁通过走线架与基站室外接地铜排联合接地。

(2)基站防雷接地网:采用40 mm×4 mm型号镀锌扁铁接地导线,沿机房建筑物散水点外环形敷设,并与机房基础接地体两根以上主钢筋焊接,埋深大于0.7 m,在馈线窗下引出与室外接地铜排联合接地。

(3)天馈线防雷接地:一般采用三点接地方式(见图11-8)。接地线应顺着雷电泄流的方向(顺着馈线下行)单独直接接地,防雷接地线不允许打折、回弯。馈线长度在60 m以上需四点接地,分别在靠近天线的馈线汇接处、垂直馈线中部、馈线下塔拐弯处和靠近馈线窗处,用接地夹箍从馈线屏蔽层引出,分别与接地扁铁和接地排可靠连接。接地线为16 mm^2×850 mm,入馈线窗前最后一次接地线引出与室外接地铜排连接。

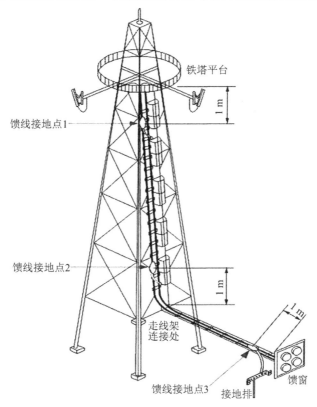

图11-8 天馈线防雷接地

(4)市电防雷接地:即防雷箱接地。

(5)设备设施保护接地:指基站内设备设施,如防盗门、活动房、走线架、承重工字钢、电表闸刀箱、防雷箱、交流配电箱、组合开关电源柜、综合配线柜、光端机、微波机、G/W主设备、空调、电池架、动环监控、馈线窗、插座等所有设备金属外壳保护接地,分别引出地线与室内接地铜排连接,具有防漏电、防静电、防触电功能。

（6）直流工作接地：专指从组合开关电源柜直流"+"汇接排引出接地线至室内接地铜排。保持直流"+"排的0电位,和"+"排与"−"排的−48 V直流电压差。工作接地线与室内接地铜排连接。为了保证直流电源正确的电势,当遇到接地线或接地铜排被盗时,应及时补充。

（7）交流工作接地：交流电源中的零线,在远端变压器内三相绕组的结合点（中性点）并联引出两根线（见图11-9）,一根为零线,随火线一起构成交流电路,另一根接地,即交流工作地线。所以基站内没有专用的交流工作地线。

（8）接地铜排：包括室内、室外两块接地铜排,是所有地线统一汇接装置。联合连接后统一连接接地体入地。

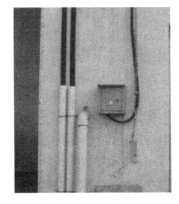

图 11-9　交流工作接地

四、常见问题处理

地线被盗：基站接地系统中除接地扁铁外,其余接地连线、地排均为铜制材料,被不法分子盗窃的情况时有发生,影响到设备安全和人身安全,以及通信运行质量。基站维护人员应强化检查和巡检力度,经常检查螺丝连线是否松动、有无遗失被盗情况,及时排除安全隐患。并积极申请、充分准备材料备件,保证接地系统安全运行。

第十二章 开关电源维护

一、定义

基站组合开关电源柜(见图 12-1),也叫高频开关电源、整流柜。核心为整流模块,也叫整流器。包括交流配电单元、直流配电单元、整流单元、监控单元。功能是将输入的三相交流电~380 V,分单相~220 V 分配给各整流模块,整流输出-48 V(浮充-53.5 V)直流电压汇接于正、负直流总排,分配给各直流接线端子,供基站BTS 等直流负载使用以及蓄电池组充电使用。

图 12-1 组合开关电源柜

开关电源整流模块的配置数量应遵循 N+1 原则,N=直流负载总电流(直流配电单元所承载的所有直流负载电流+蓄电池组设定的最大充电电流)/整流模块额定电流。比如某基站内直流设备(BTS、NodeB、光端机、微波机、动环监控)总负载 $I_{总}$ = 30 A+500 Ah×2/10 = 130 A,单个整流模块额定输出电流为 50 A(不同厂家不同型号整流模块输出电流不同),N 取最小整数,50N≥130,N=3,则 N+1=4,因此该站所配整流模块数量为 4 块。

交流配电单元外观如图 12-2 所示。

交流输入空开
交流接触器

C级防雷器
零线排
防雷地排

D级防雷器

图 12-2 交流配电单元外观

空气开关及交流接触器外观如图 12-3 所示。

手动互锁

图 12-3 空气开关及交流接触器外观

C 级防雷如图 12-4 所示。

气体放电管　防雷器空开

指示窗

压敏电阻

图 12-4　C 级防雷

D 级防雷板如图 12-5 所示。

指示灯
压敏电阻
气体放电管
保险管

图 12-5　D 级防雷板

交流配电板件如图 12-6 所示。

逻辑板
A4485C2

交流采样板　驱动板A4485C1
A14C3S1　　（背靠背）

图 12-6　交流配电板件

交流驱动板 A4485C1 如图 12-7 所示。

图 12-7　交流驱动板 A4485C1

交流配电板件接口示意图如图 12-8 所示。

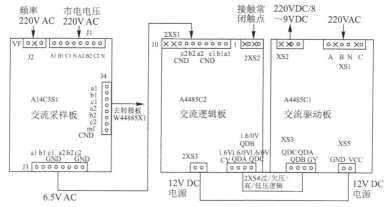

图 12-8　交流配电板件接口示意图

直流配电单元外观如图 12-9 所示。

图 12-9　直流配电单元外观

熔丝及小空开如图 12-10、图 12-11 所示。

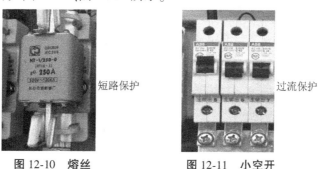

图 12-10　熔丝　　　　　图 12-11　小空开

分流器示意图如图 12-12 所示。

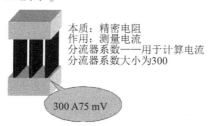

图 12-12　分流器示意图

直流接触器外观如图 12-13 所示。

常闭型

图 12-13　直流接触器外观

整流模块示意图如图 12-14 所示。

主要功能和特点：
· 限功率
· 短路回缩
· 热插拔
· 保护和告警功能
· 低差自主均流
· 无级限流
· 防尘和风扇控制

HD4850-2

图 12-14　整流模块示意图

监控模块正面如图 12-15 所示。

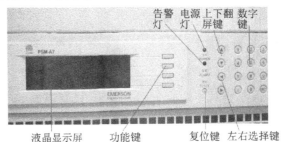

告警灯　电源灯　上下翻屏键　数字键

液晶显示屏　　功能键　　　复位键　左右选择键

图 12-15　监控模块正面

告警干接点如图 12-16 所示。

图 12-16　告警干接点

均浮充转换原理如图 12-17 所示。

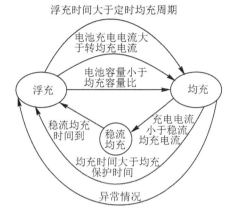

图 12-17　均浮充转换原理示意图

二、关键参数设置

为充分发挥组合开关电源及蓄电池组运行性能,提高维护工作效率,降低维护成本,代维人员在日常维护工作中必须掌握在开关电源监控单元菜单内进行以下关键参数设置操作(以下直流"-"号省略):

(1)浮充电压参数。通信运营商基站浮充电压普遍设在 53.5 V(见图 12-18)。

基站直流负载标称工作电压为 48 V,电压允许变动范围为 40~57 V。在满足直流负载运行条件下,浮充电压专指向蓄电池组充电电压。部分通信运营商基站开关电源浮充电压为53.5~54.5 V,由蓄电池单体电压范围 2.23~2.27 V 特性与整组 24 块电池数量乘积决定。以高于蓄电池(见图 12-19)及设备标称电压 48 V 的电势弥补蓄电池自放电引起的容量损失。

图 12-18　浮充电压参数

图 12-19　蓄电池

(2)均充电压参数。通信运营商基站均充电压普遍设在 56.4 V(江苏双登蓄电池55.2 V,厂家要求)。

在蓄电池放电后低于测试电压或一定周期内,为使蓄电池快速补充容量,需升高浮充电压至更高值,使流入的补充电流增加,有利于激活电池内活性物质,提高容量存储能力。均衡充电的主要目的是使电池组中每个单体电池电压相等。单体蓄电池均充电压 2.30~2.35 V。

(3)充电限流参数,也叫充电电流系数。普遍设在 $0.1 C_{10}$(新乡太行设在 $0.15 C_{10}$,根据说明书要求决定)。0.1 表示充电电流是电池容量的 10%，C 表示电池容量，下角 10 表示 10 h 充、放电率。如:500 Ah 蓄电池充电电流为 50 A。如果不按要求设置限流系数，则可能出现充电不足不能发挥蓄电池能力或过充使蓄电池整组鼓起报废。

(4)高压告警参数。通信运营商普遍设在 58 V，即单体电压不能高于 2.42 V，高于阈值可能造成电池报废。

(5)均充周期参数。通信运营商普遍设在 90 d 或 180 d(江苏双登设在 180 d，厂家要求)。

根据当地市电供电规律而定，一般经常停电基站均充周期设在 90 d，不常停电基站设在 180 d。蓄电池寿命不是以多少年而定，而是与反复深度放电、充电次数成反比，包括均充。

(6)一次下电参数。通信运营商普遍设在 46.5 V。

一次下电即基站主设备等大功率设备断电断站，此时蓄电池单体电压为 46.5÷24 = 1.94(V)。是在市电停电后未及时发电或因电池电压下降过快来不及发电造成的下电情况，目的在于使剩余电量继续保护传输光端机不中断，充分拉大与二次下电的时间间隔。不及时发电在正常代维工作中是不能容忍的。当接到市电停电信息后，维护人员要根据具体情况及时组织基站发电工作，避免断站。

(7)二次下电参数。通信运营商普遍设在 44.4 V。

二次下电(见图 12-20)即基站传输光端机下电，也是蓄电池保护电压。若此时交流电仍未恢复供应，为了避免蓄电池放电损坏，要彻底中断蓄电池对设备放电，以保护蓄电池。此时蓄电池单体电压为 44.4÷24 = 1.85(V)(单体最低电压不能低于 1.8 V)。但二次下电将造成基站传输线路开环，若同环另一基站出现同样情况，将出现环上两站之间大面积断站事故;若此站在链上，则引起下挂基站中断。此问题在正常代维中同样不能容忍。

(8)蓄电池容量参数。根据蓄电池组实际容量设置。

(9)组合开关电源柜(见图 12-21)最多可以并联 3 组蓄电池，目前通信运营商基站一般标准配置 2 组蓄电池。当蓄电池容量为 300 Ah 或 500 Ah 时，电源柜监控单元要相应将蓄电池容量设为 300 Ah 或 500 Ah，部分电源柜(如爱默生 PS48600-3B/2900 电源柜，菜单显示电池组数:2，而没有区分第一组或第二组电池，此时蓄电池容量则设置为两组容量之和，即 500 Ah+500 Ah = 1 000 Ah)。容量设置小于实际容量，将造成资源浪费;大于实际容量，将因过充而损坏蓄电池。

图 12-20　二次下电　　　　图 12-21　组合开关电源柜

准确、有效地设置以上参数,可保证基站处于较好的运行状态,其他参数基本符合电源柜(见图 12-22)出厂参数,一般不用改动。

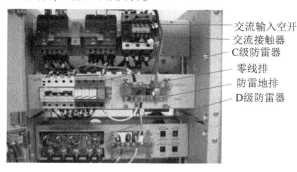

交流输入空开
交流接触器
C级防雷器
零线排
防雷地排
D级防雷器

图 12-22　电源柜

三、常见故障处理

(一)整流模块故障

表现为停止运行,指示灯不亮,可通过与正常整流模块互换槽位确定是否缺相或模块确实故障。进行更换后,交由通信运营商管理人员统一维修,在保修期内,由厂家免费维修;过保修期,送通信运营商区域维修中心修理。

(二)监控单元故障

表现为菜单不能操作、花屏、无任何显示等,原因为死机、基站高温、保险烧毁、接触不良;分别进行断电重启、降温、更换保险、检查连线等可恢复。大量监控单元故障为内部板卡连线松动,打开壳体重新插拔安装即可恢复。确定不能修复的,送修处理。

(三)一次下电不能恢复

此类故障较常见,在交流供电恢复正常后,直流电压也回归正常,BTS 主设备仍不能供电。主要原因为直流接触器失灵,不能有效吸合,可通过关闭、重启监控单元,或将"-"极母排上的直流接触器控制连线螺丝取下,一次下电即可恢复。正常后重新装上控制线。部分电源柜有强制开关装置,可进行"自动""手动"切换操作。

(四)C 级防雷器烧毁

原因为遭受雷击等,使防雷器视窗变红或烧化,因火线仍在接地状态,影响交流供电。小心取下或更换防雷器即可。

(五)发电后开关电源柜不能正常运行或无直流输出

原因为发电机连线接错或接触不良,应立即停止发电机交流输出,检查原因,避免出现更大事故。

(六)故障案例

【故障案例1】 交流缺相(分真缺相和假缺相两种)

假缺相:2021年某基站,中兴ZXDU500电源柜监控单元显示交流缺相告警,且三相电压分别为223 V、0 V、221 V。但各相位整流模块均正常工作,三相空调正常工作,交流配电箱三相正常。很明显此为"假"告警,原因为监控单元获取三相交流电压是靠交流变送器感应传送,交流变送器故障产生"假"缺相告警。联系厂家,更换交流变送器,告警解除。

真缺相:表现在交流输入电源柜前发现市电缺相,表现为电网、变压器供电缺相(此情况较少)、接火部位松动、空开触点接触不良、闸刀熔丝烧断、空开连线脱落、电源线损断等现象。需采用"顺藤摸瓜"的方法逐步排除解决。

2022年4月,某基站电源柜、空调均显示交流缺相,维护人员误理解为外电缺相,现场查看后发现交流配电箱市电正常。通过排查,发现交流配电箱三相输出总开关B相螺丝松动,电源线脱落,重新安装紧固后缺相告警解除。

【故障案例2】 整流模块风扇不转、无直流输出

2020年3月,某基站中兴ZXDU500电源柜,其中一块ZXD2400V3.0整流模块告警,风扇不转,无直流输出。通过槽位互换仍不能恢复,在准备拆回送修前,打开风扇滤网发现扇叶附着很厚的灰尘,取下风扇清理灰尘并拨动扇叶旋转后重新装上,风扇立刻旋转,直流电流输出,告警等解除。

目前各厂家较新版本电源柜都有休眠(轮休)功能,目的是在满足N+1配置的情况下,在蓄电池结束均充,仅有直流负载工作时,只轮流提供一个或两个整流模块工作,其余模块不输出甚至被切断电源,实现节约用电、延长设备寿命的目的。此时不运行的整流模块容易被维护人员按故障模块处理,不要被此现象迷惑,可采用互换法、重启法、关闭监控单元法进行判断,莫浪费维修成本。

【故障案例3】 监控单元液晶屏无显示

2021年9月20日,巡检过程中,发现某基站动力源DZY-48/50C4电源柜监控单元蓝屏无字符显示,不能查看运行菜单,维护人员重启电源仍不能解决,此现象很容易判断为故障。但实际为在屏幕右上侧有两个上、下按钮为屏幕亮度调节(或对比度调节)按钮,通过连续按动上、下按钮即可改变屏幕亮度(对比度),菜单字符可显示至合适亮度。

2021年12月,某基站中兴ZXDU400电源柜监控单元显示屏蓝屏,同样按动键盘中间键结合左右键即可调节至合适显示亮度。

【故障案例4】 直流接触器不吸合(一次或二次下电不恢复)

2020年某基站突然中断,现场检查市电正常,开关电源交流部分正常,输出直流电压正常,但直流接触器不吸合,一次下电不恢复。

紧急处理办法:重启爱默生PS48300-2/50电源柜NP9801监控单元,直流接触器不闭合;将直流接触器上的控制线拆下,立即恢复闭合,证明接触器失灵。部分直流接触器故障需用35 mm²铜线上下连通,甩开直流接触器,待配件到位后再彻底恢复。

【故障案例5】 "防雷器回路异常"告警

防雷器损坏非常普遍,多在夏秋季发生,包括配电箱侧B级防雷,电源柜内C、D级防雷。电源柜故障灯亮,监控模块"防雷器回路异常"告警,轻则伴随压敏电阻防雷器指示窗口变红,重则烧毁防雷片、防雷组,甚至引发火灾。

故障原因:

(1)防雷空开遭雷击或市电电压突高时,为防止起火跳下,处于断开状态。

(2)防雷器内部压敏电阻失效,窗口变红。

(3)防雷器监测线路故障。

(4)防雷片与底座接触不良。

(5)单片或整组防雷器遭雷击烧毁。

处理办法:

(1)检查防雷空开,将开关拉下再重新合上。

(2)检查压敏电阻与气体放电管,发现其失效及时更换,更换压敏电阻的同时也要更换气体放电管,但通常检查方法是看窗口是否由绿变红,是否短路。但动力源电源所采用的防雷模块从窗口观察是否弹出。

(3)检查防雷器故障检测线,防雷器故障触点与防雷开关辅助开关触点信号处于正常时应为通路状态。

(4)重新插拔防雷片,使其接触良好。

(5)进行单片或整组更换,清理并重新连接火线、零线、地线。

四、协调工作

组合开关电源为基站维护工作中的重点工作,是基站主设备的直接供电设备,出现故障或发现隐患应立即处理,避免影响运行。但因牵涉软硬件等各项复杂内容,在维护过程中要注意即时沟通交流。维护人员要牢记相关专家和厂家技术支撑人员联系电话,以寻求帮助。

重点提示:

人身安全第一、设备安全第一。

第十三章　蓄电池组维护

一、定义

基站蓄电池组(见图13-1)与其他直流负载并联连接于开关电源直流输出端,处于永远在线旁充状态。在交流停电的情况下,完成直流电源向直流负载的不间断供电,即完成市电恢复期间的直流电源平滑过渡,同时对直流供电起到滤波、抑制噪声的作用,一般支撑时间6~24 h,电池能力和负载大小决定了蓄电池的供电时长。

图 13-1　蓄电池组

通信运营商基站常用固定阀控式密封铅酸蓄电池,如双登 GFM-500 Ah,近期也使用了部分胶体电池。单体电池标称-2 V直流电压(不是谁发明的,而是一种化学反应的自然现象)。此外,还有单体电压为 6 V、12 V 的蓄电池,相当于内部结构已串联了 3 块、6 块 2 V 蓄电池。

蓄电池中的正极活性物质二氧化铅(PbO_2)与负极活性物质(Pb)在电解液稀硫酸(H_2SO_4)的作用下产生 2 V 的直流电压。化学反应式为:

充电→　$PbSO_4+2H_2O+PbSO_4 \longleftrightarrow PbO_2+2H_2SO_4+Pb$　←放电
　　　　正极　　　　负极　　　　正极　　　　负极

在基站实际应用中,24 块蓄电池串联成一个电池组,端电压标称 48 V,电池容量不变,即 2 V×24＝48 V;2 组蓄电池并联成一个基站配置,电池组容量翻番,端电压不变。如 300 Ah+300 Ah＝600 Ah。

蓄电池温度-寿命曲线如图13-2所示。

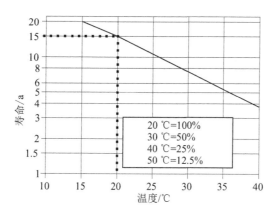

图 13-2 蓄电池温度–寿命曲线

蓄电池容量–温度曲线如图 13-3 所示。

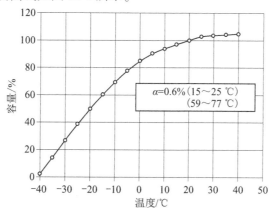

图 13-3 蓄电池容量–温度曲线

蓄电池充电曲线如图 13-4 所示。

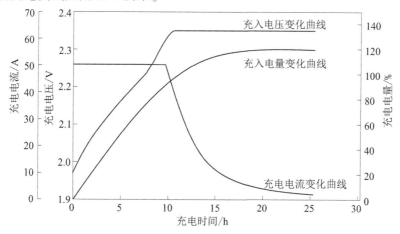

图 13-4 蓄电池充电曲线

维护要求：

（1）保持环境清洁、通风。

（2）常温使用，温差大，最好能安装空调。

（3）绝缘操作，防止短路。

（4）标明极性、电池编号。

（5）每月进行电池外观检查。

（6）每半年检查一次连接系统牢固性，15 Nm。

（7）每月测试一次蓄电池浮充电压。

二、常见故障处理

（一）参数设置错误

蓄电池（见图 13-5）参数包括浮充、均充、充电电流系数、高压告警、均冲周期、一次下电、二次下电、电池容量等必要参数，是否有效设置决定了电池的服务能力。参数设置详见第十二章"开关电源参数设置"。

图 13-5　蓄电池

（二）电池放电时间短

一般蓄电池放电时长可以参考以下公式：若基站负载直流电流为 50 A，两组电池合计容量为 1 000 Ah，则该基站电池理论放电时长为 1 000 Ah/50 A = 20 h。但因电池质量、连接、年限、单体故障等因素，需根据情况具体对待。

（三）整组电池老化

表现为整组电池电压较低、放电时间较短，经智能负载放电仪测试放电普遍落后或内阻仪测试普遍内阻过大（内阻参考行业规定值），证明需更换整组电池。

（四）单体电池老化

表现为停电后电压迅速下降，经放电仪、内阻仪、万用表测试，明显发现个别电池性能下降严重，例如有一块电池无反应能力，停电后电池组端电压迅速减掉 2 V，则很快造成基站断站。此时需尽快更换单体蓄电池。因不同品牌蓄电池(见图13-6)生产工艺、结构、材质等指标差异,单个蓄电池更换必须为同品牌、同容量、同型号蓄电池,严禁不同电池混装。

图13-6 蓄电池

(五)电池极柱漏液爬酸

多为生产质量问题,因蓄电池级柱与壳体封装不牢固,导致酸流沿电极柱渗透至壳体外后遇空气反应而形成的酸液爬痕现象,遇到此类情况,应及时协调厂家更换。部分为运输、安装原因。蓄电池漏液爬酸严重时会造成酸雾,严重腐蚀基站其他设备设施,甚至发生火灾。发现溢出情况应迅速解决。

(六)整组电池壳体鼓起

新装电池鼓起属于质量问题、安装问题、参数设置问题;长年运行电池鼓起多属老化问题,伴随发热,应立即组织更换,无修复价值。蓄电池的使用寿命与环境温度关系很大,若以25 ℃为基准,工作环境温度每上升1 ℃,每节电池单体的浮充电压降低3~5 mV。每上升10 ℃,蓄电池的使用寿命减半。

(七)蓄电池巡检测试

蓄电池应定期巡检,进行卫生清洁、端电压测试、连接螺丝紧固,并根据基站作业计划进行智能负载放电能力测试和电池内阻检测。

(八)故障案例

【故障案例1】 电池不均充

故障描述:

某基站内豫阳电器PS48300-2/50机柜,配置4×50 A,双登500 Ah×2组电池。基站停电5 h后,来市电电池不均充,手动强制均充,电池仍未均充。

故障分析:

(1)电源电池参数设置不正确。

(2)电源监控模块故障。

（3）电源整流模块故障。

（4）电池组故障。

故障处理步骤：

（1）查看电池管理中电池均充参数设置情况。

是否允许均充，均充电压，是否需要定时均充，均充保护时间，定时均充周期，参数设置是否正确。转均充判断有两个条件：转均充容量比、转均充参考电流。满足其中一个条件即转均充。参数设置都在正常范围内。

（2）监控模块故障。

电源告警指示灯指示正常。监控模块无告警信息，监测数据和实测数据相符，说明电源监控模块正常工作。

（3）整流模块故障。

整流模块输出电压、电流和显示及实测数据相符。更换新的整流模块电池仍未均充，整流模块正常。

（4）电池组故障。

检查电池组螺丝及连接条是否有松动现象，又重新紧固一遍未发现松动现象。测量单体电池端电压情况，测量后发现第一组电池第 8 块电池端电压为 0 V，更换新电池后电池组开始均充，故障解决。

总结：

由于部分基站市电停电频繁、停电时长不容易掌握、油机不能够及时给蓄电池供电，导致电池损坏严重，基站电池组不均充现象发生。

【故障案例 2】 长时间停电油机供电整流模块不工作

故障描述：

某基站内华为 PS48300-2/50 电源柜，模块配置 4×50 A，双登电池 2×500 Ah，遭雷击以后，监控雷击、长时间停电导致基站中断。油机供电整流模块不工作。

故障分析：

（1）电源柜遭雷击并烧坏。

（2）整流模块烧坏。

（3）油机功率小带不动负载。

（4）更改模块参数设置。

处理步骤：

（1）检查电源柜是否正常工作，电源柜未发现短路烧毁现象，监控模块正常工作。

（2）整流模块故障，更换新整流模块，整流模块还未工作，判断整流模块正常。

（3）油机功率小带不动负载，油机供电，拉掉电池组 1，剩整流模块 1 块，整流模块仍不工作。电池组全部拉掉，4 个整流模块全部工作，开始给设备供电。判断电源设备正常，油机带不动负载。

（4）改变模块输出参数设置，在直流参数设置中，发现充电限流点系数为 0.15，相当于 75 A 充电电流，更改充电限流点系数为 0.10 后，加载 1 组电池组，整流模块不工作。在这种情况下改变电池组安时数，设置为 300 Ah，加载 1 组电池组，整流模块开始工作，开始给电池组充电。故障解决。

总结：

基站蓄电池长时间放电，导致蓄电池容量严重下降，在油机进行供电情况下，油机带载能力有限导致整流模块不工作，建议改变电池充电限流点系数和电池安时数。为避免电池组长时间放电，应尽快给电池组充电，既保证设备正常运行，又节省燃油。

三、安全提示

蓄电池安装应遵循正入负出的原则按顺序安装，严禁出现整组或单体极性接反情况。安装过程中，应谨慎操作，坚决避免连片或扳手等造成电池及电池组"+""−"极短路，在短路状态下，直流电流无穷大，极易造成电池损毁、爆炸、火灾，甚至造成人身伤害。

第十四章 动力环境监控维护

一、定义

动力环境监控系统(见图 14-1)远程监控终端设在各地市通信运营商网管中心机房,借助基站传输网络,通过服务器与基站端电源监控单元和各传感器相连。可实现远程信息"三遥",即遥信、遥测、遥控监控,可查看基站开关电源交流、直流等动力运行参数和红外、烟感、水浸、门磁、温湿度等环境信息采集。是远程监控基站运行信息的"千里眼",作用至关重要。

图 14-1 动力环境监控系统

不同的通信运营商基站会采用不同厂家品牌的环境监控系统,但基本原理都一样。现普遍采用广东盈嘉动力环境监控系统,前期也有部分采用河北亚澳动力环境监控系统,现已全部淘汰替换为广东盈嘉动力环境监控系统,近期部分采用浪潮动力环境监控系统。

二、常见故障处理

(一)监控中断

表现为在网管中心显示该基站信息"灰掉",原因为传输故障、系统故障、电源中断等。基站维护人员在确定基站端设备电源供应正常、站内传输连接正常且重新启动后仍不能恢复,需告知网管中心,由厂家技术人员进行系统配置或与基站监控、传输监控协调定位处理恢复。

(二)动力数据采集无效

属动力环境监控设备与组合开关(见图 14-2)电源监控单元之间的数据线松动或通信协议不匹配所致,前者检查连接即可恢复,后者协调厂家人员配合解决。

图 14-2　传感器及门锁开关

(三)环境信息采集无效

属各传感器或信息采集终端故障引起,经检查处理后仍不能恢复,由厂家人员现场解决。

应知应会:了解动力环境监控系统结构特点、传输方式、动力数据内容、各类环境传感器功能。

三、协调工作

动力环境监控系统故障在基站只能看到电源或部分告警故障,系统是否功能正常必须依靠网管中心监控终端才能看到。因此,基站维护人员必须做到与监控人员的充分沟通配合,才能处理故障;基站组网路由调整也会造成监控系统失效,需要厂家人员与传输网管进行沟通调整路由;基站现场设备系统更换需要厂家人员到站进行处理,履行保修义务。基站维护人员应当共同配合,促成故障恢复。

第十五章　基站主设备维护

一、定义

基站主设备(见图 15-1)即基站收发信台(Base Transceiver Station),简称 BTS,是通过天馈线实现手机及各种移动台(MS)无线信号收发的通信设备。它将手机发送过来的信号通过本地网的接入传输设备传送至 BSC(基站控制器,Base Station Controller),再传送至 MSC(移动交换中心,Mobile Switching Center),就完成了不同用户之间的通话任务。

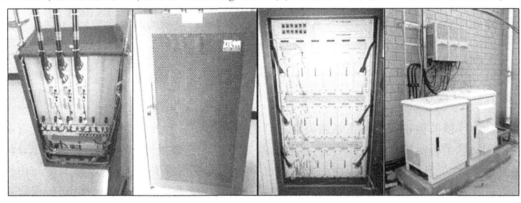

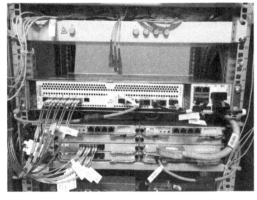

图 15-1　基站主设备

判断移动通信业务运行质量的首要依据就是基站主设备的运行质量,因此保证基站主设备的维护工作,是基站维护工作的重中之重,其他任何维护工作都是主设备的服务工作。

GSM 系统介绍:

- NMC:网络管理中心,提供全网的操作和维护管理。
- OMC:操作维护中心,监控所管辖区域的日常操作和运行质量。

- MSC:GSM 通信运营商交换中心,主要是为运营商主叫或被叫提供交换功能。
- IWF:交互工作功能,为与 GSM 外部的用户通信,MSC 与外部网络的接口提供一个适配网关。
- AUC:鉴权中心,鉴别用户身份的合法性。
- EC:回声消除器。
- EIR:设备身份寄存器。
- HLR:归属位置寄存器,存储整个网络的用户信息。
- VLR:拜访位置寄存器,可与一个或多个 MSC 相连,存储相应 MSC 业务区域内的用户临时注册数据。
- BSC:基站控制器。
- BTS:基站收发信机。
- XCDR:压缩编码器。

GSM 系统由四大块组成:基站子系统、网络交换子系统、操作维护系统、数字联通台设备。其中基站子系统又称基站设备,它是 GSM 系统的重要组成部分。基站设备包括基站设备控制器(BSC)、基站收发信台(BTS)、压缩编码器(XCDR)、串行数据传输线(2M 线)。

室内基带处理单元(Building Base band Unite)是电信系统的基带处理单元(见表 15-1)。BBU 具有模块化设计,体积小、集成度高,功耗低,易于部署的优点。BBU 室内基带处理单元的作用是完成 Uu 接口的基带处理功能(编码、复用、调制和扩频等)、RNC 的 Iub 接口功能、信令处理、本地和远程操作维护功能,以及 NodeB 系统的工作状态监控和告警信息上报功能。典型的无线基站包括基带处理单元(BBU)和 RF 处理单元(射频拉远单元RRU)。主要应用于 3G、4G 网络。

表 15-1 室内基带处理单元

DTRU	双密度收发信机
DTMU	定时、传输和管理单元
DCCU	信号转接板
DDPU	双工单元
DCOM	合路单元
DMLC	监控信号防雷卡
DELC	E1 信号防雷卡
DSAC	扩展信号接入卡
NFCB	风扇控制板
DEMU	环境监控板
DATU	天线塔放控制板
DCSU	并柜信号转接板

目前,通信运营商常见主设备有华为、爱立信、中兴,举例如下。

(一)华为(HUAWEI)主设备部分:BTS3012

各板卡名称如图 15-2 所示。

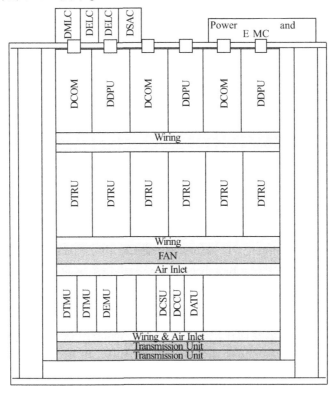

图 15-2 各板卡名称

基站公共子系统 DTMU 单板指示灯含义如表 15-2 所示。

表 15-2 基站公共子系统 DTMU 单板指示灯含义

指示灯	颜色	说明	状态	含义
RUN	绿色	单板运行指示	慢闪(0.25 Hz)	OML 链路不通
			慢闪(0.5 Hz)	正常
			不定周期快闪	BSC 数据加载
			灭	单板无电
ACT	绿色	主备状态指示灯	亮	主用
			灭	异常
PLL	绿色	时钟状态指示灯	亮	自由振荡
			灭	异常
			快闪(4 Hz)	捕捉
			快闪(1 Hz)	锁定

指示灯	颜色	说明	状态	含义
LIU1	绿色	E1 端口 1 或 5 的传输状态指示	灭	SWT 灯灭时,E1 端口 1 正常 SWT 灯亮时,E1 端口 5 正常
			亮	SWT 灯灭时,E1 端口 1 近端告警 SWT 灯亮时,E1 端口 5 近端告警
			快闪(4 Hz)	SWT 灯灭时,E1 端口 1 远端告警 SWT 灯亮时,E1 端口 5 远端告警
LIU2	绿色	E1 端口 2 或 6 的传输状态指示	灭	SWT 灯灭时,E1 端口 2 正常 SWT 灯亮时,E1 端口 6 正常
			亮	SWT 灯灭时,E1 端口 2 近端告警 SWT 灯亮时,E1 端口 6 近端告警
			快闪(4 Hz)	SWT 灯灭时,E1 端口 2 远端告警 SWT 灯亮时,E1 端口 6 远端告警
LIU3	绿色	E1 端口 3 或 7 的传输状态指示	灭	SWT 灯灭时,E1 端口 3 正常 SWT 灯亮时,E1 端口 7 正常
			亮	SWT 灯灭时,E1 端口 3 近端告警 SWT 灯亮时,E1 端口 7 近端告警
			快闪(4 Hz)	SWT 灯灭时,E1 端口 3 远端告警 SWT 灯亮时,E1 端口 7 远端告警
LIU4	绿色	E1 端口 4 或 8 的传输状态指示	灭	SWT 灯灭时,E1 端口 4 正常 SWT 灯亮时,E1 端口 8 正常
			亮	SWT 灯灭时,E1 端口 4 近端告警 SWT 灯亮时,E1 端口 8 近端告警
			快闪(4 Hz)	SWT 灯灭时,E1 端口 4 远端告警 SWT 灯亮时,E1 端口 8 远端告警
SWT	绿色	E1 线路状态切换指示	亮	LIU1~LIU4 分别反映端口 5~8 的 E1 传输状态
			灭	LIU1~LIU4 分别反映端口 1~4 的 E1 传输状态
ALM	红色	告警灯	亮	硬件告警
			灭	无硬件告警

双密度收发信单元 DTRU 面板如图 15-3 所示。

图 15-3 双密度收发信单元 DTRU 面板

双密度收发信单元 DTRU 面板指示灯含义如表 15-3 所示。

表 15-3　双密度收发信单元 DTRU 面板指示灯含义

指示灯	颜色	说明	状态	含义
RUN	绿色	DTRU 运行和上电指示	亮	有电源输入,单板存在问题
			灭	无电源输入,或单板工作故障状态
			慢闪(0.25 Hz)	表示单板正在启动
			慢闪(0.5 Hz)	表明单板已按配置运行,处于工作运行状态
			快闪(2.5 Hz)	表示 DTMU 单板正在对 DTRU 下发配置
ACT	绿色	载频工作指示灯	亮	工作(DTMU 正常下发配置,小区启动),两载波所有信道均可正常工作
			灭	未与 DTMU 建立通信
			慢闪(0.5 Hz)	只有部分逻辑信道在正常工作(包括载频互助后)
ALM	红色	告警指示灯	亮(包含高频闪烁)	严重告警状态,表明单板存在故障
			灭	单板无故障
RF_IND	红色	RF 接口指示灯	亮	驻波告警
			灭	正常
			慢闪(0.5 Hz)	无线链路告警

双密度收发信单元 DTRU 接口介绍如表 15-4 所示。

表 15-4　双密度收发信单元 DTRU 接口介绍

接口	类型	说明
TX1	N 型阳接头	载波 TX1 输出信号： 不合路时输出至射频前端； 需合路时输出至 IN1
IN1	SMA 型阴接头	合路工作时与 TX1 连接
TCOM	N 型阳接头	合路工作时,将 IN1 和 IN2 合路后输出或实现 PBT 合路输出
IN2	SMA 型阴接头	合路工作时与 TX2 连接
TX2	N 型阳接头	载波 TX2 输出信号： 不合路时输出至射频前端； 需合路时输出至 IN2
RXM1	SMA 型阴接头	载波 1 主集接收口或载波 1 第一分集接收口
RXD1	SMA 型阴接头	载波 1 分集接收口或载波 1 第二分集接收口
RXM2	SMA 型阴接头	载波 2 主集接收口或载波 1 第三分集接收口
RXD2	SMA 型阴接头	载波 2 分集接收口或载波 1 第四分集接收口
PWR	3V3 型电源接头	电源输入

DDPU 面板如图 15-4 所示。

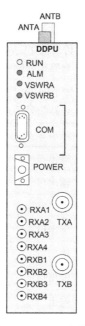

图 15-4　DDPU 面板

DDPU 指示灯含义如表 15-5 所示。

表 15-5　DDPU 指示灯含义

指示灯	颜色	说明	状态	含义
RUN	绿色	DDPU 运行和上电指示	常亮	有电源输入,单板存在问题
			常灭	无电源输入,或单板工作故障状态
			慢闪 2.5 Hz	表明单板已按配置运行,处于工作运行状态
			快闪 0.5 Hz	表示 DTMU 单板正在对 DDPU 下发配置
ALM	红色	告警指示灯	常亮(包含高频闪烁)	告警状态(含驻波告警),表明存在故障
			常灭	无故障
			慢闪(0.5 Hz)	表示单板正在启动或者加载程序
VSWRA	红色	A 通道驻波告警指示灯	常亮	A 通道有驻波告警或严重驻波告警
			常灭	A 通道无驻波告警
VSWRB	红色	B 通道驻波告警指示灯	常亮	B 通道有驻波告警或严重驻波告警
			常灭	B 通道无驻波告警

DDPU 外部接口如表 15-6 所示。

表 15-6　DDPU 外部接口

接口	类型	说明
COM	DB26 型阴接头	向 DDPU 模块提供控制信号、通信信号、时钟信号和机架号等
POWER	3V3 型电源接头	电源输入
TXA	N 型阳接头	DTRU 传送的 TX 信号输入 DCOM 合路信号输入
TXB	N 型阳接头	DTRU 传送的 TX 信号输入 DCOM 合路信号输入
RXA1	SMA 型阴接头	主集 1 输出口
RXA2	SMA 型阴接头	主集 2 输出口
RXA3	SMA 型阴接头	主集 3 输出口
RXA4	SMA 型阴接头	主集 4 输出口
RXB1	SMA 型阴接头	分集 1 输出口
RXB2	SMA 型阴接头	分集 2 输出口
RXB3	SMA 型阴接头	分集 3 输出口
RXB4	SMA 型阴接头	分集 4 输出口
ANTA	DIN 型阴接头	射频跳线接口
ANTB	DIN 型阴接头	射频跳线接口

双密度合路单元 DCOM 外部接口如表 15-7 所示。

表 15-7　双密度合路单元 DCOM 外部接口

接口	类型	说明
ONSHELL	DB26 型阴接头	用于 DCOM 单板类型和在位的识别
TX-COM	N 型阳接头	DCOM 到 DDPU 的合路信号输出
TX1	N 型阳接头	DTRU 到 DCOM 的 TX 信号输入
TX2	N 型阳接头	DTRU 到 DCOM 的 TX 信号输入

(二)爱立信(ERICSSON)主设备部分:RBS2216

RBS2216 基站由机柜、DXU、PSU、FAN、DRU、IDM、FCU 等组成(见图 15-5)。

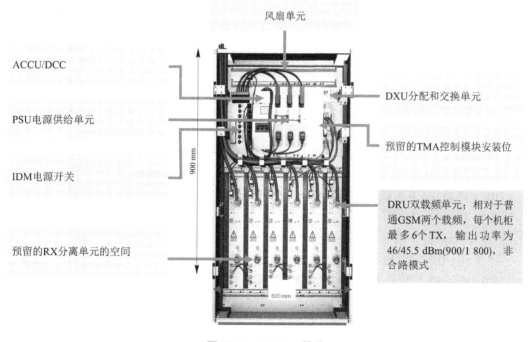

图 15-5　RBS2216 基站

- DXU:分配交换单元,DXU_31

功能:分配交换功能,提供同步功能、外部告警收集及处理功能、传输级连功能,提供了 LOCAL BUS 总线功能,提供了 PCM 和 OMT 的接口功能、Abis 链路资源管理功能、LAPD 信令压缩功能、RBS 内部软件管理功能、IDB 的维护功能。

DXU 主要包括以下几个功能块:CPU、PCM、CTU、HDLC、TG 等(见图 15-6)。

- DXU 指示灯

Port A:常亮表明传输通,灭表明传输不通。

Fault:故障指示灯。亮红灯表明 DXU 存在故障。

Operational:常亮绿灯表明 DXU 正常工作,绿灯闪表明正在装载程序。

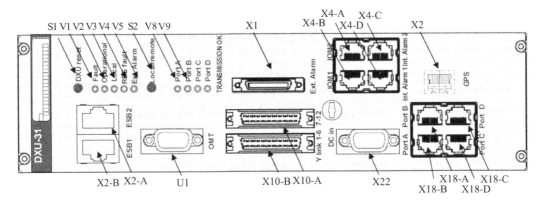

图 15-6　DXU 功能模块

Local:常亮黄灯,为本端模式,不能进行远端操作。灭为远端模式。

RBS fault:灭则无故障;亮黄灯,则其他模块存在故障。

EXT.Alarm:外部告警灯,表明电源或风扇灯有故障。

正常状态下应该 Port A 和 Operational 亮绿灯。

DRU RESET:载频复位键。

LOCAL/REMOTE:本端远端转换键。

● DRU 指示灯状态(见图 15-7)

Fault:故障指示灯。亮红灯表明 DRU 存在故障。

Operational:常亮绿灯表明正常工作,绿灯闪表明正在装载程序。

Local:常亮黄灯,为本端模式,不能进行远端操作。灭为远端模式。

RF OFF:灯亮表明载频退出服务。

DRU RESET:载频复位键。

Local/remote:本端远端转换键。

● PSU:电源供给模块

功能:将−48 V 转换为+25 V 直流电源,提供直流电源给基站。

指示灯:Operational 灯亮表明正常工作。FAULT 灯亮时表明 PSU 存在故障。

● IDM:电源开关

功能:提供各模块电源的开关。

指示灯:Operational 灯亮表明正常工作。

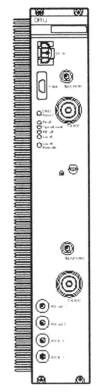

图 15-7　指示灯

● FCU

功能:FCU 在整个 RBS2216 基站中负责对电源和环境设备的控制与监测,它负责基站电源和环境告警的收集,并通过内部控制功能调整内部相关电源和环境设备的运行状况,保证整个基站的正常运行。

指示灯:Operational 灯亮表明正常工作。

(三)中兴设备部分

中兴设备部分见图 15-8。

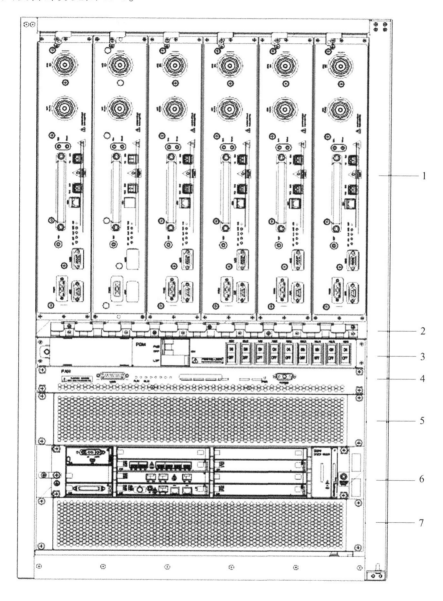

1.射频插箱;2.走线槽;3.配电插箱;4.风扇插箱;5.导风板;6.基带插箱;7.传输插箱空间。

图 15-8　中兴设备部分示意图

基带插箱(BBU)如图 15-9 所示。PM:电源模块;FS:网络交换板;SA:现场告警板,传输物理接口;CC:控制与时钟板;FA:风扇板;CHV:语音信道板;CHD:数据信道处理板,支持 EV-DO 业务。

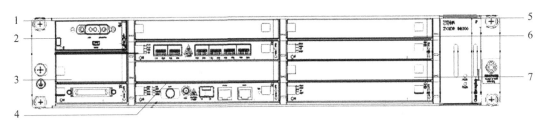

1.PM；2.FS；3.SA；4.CC；5.FA；6.CHV；7.CHD。

图 15-9　基带插箱(BBU)

风扇插箱(FCE)如图 15-10 所示,其外部接口和指示灯含义如表 15-8 所示。

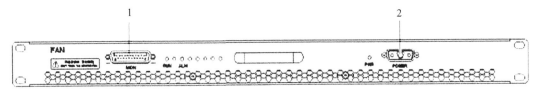

1.MON接口；2.POWER接口。

图 15-10　风扇插箱(FCE)示意图

表 15-8　风扇插箱(FCE)外部接口和指示灯含义

接口/指示灯	说明	含义
POWER	电源接口	与配电插箱的风扇电源连接
PWR	电源指示灯	绿灯亮,表示风扇上电
RST	复位键	可复位风扇插箱
ALM	告警指示灯	红灯亮,表示有告警
RUN	运行指示灯	绿灯慢闪,表示风扇正常运行
MON	监控接口	传输风扇状态信号,连接到 RSU 的 MON 接口

CC 板(见图 15-11)功能:提供 GPS 系统时钟和射频基准时钟;Abis 接口功能;GE 以太网交换功能,提供信令流和媒体流交换平面;机框管理功能;基带调制和解调功能;对外提供时钟接口扩展和本地维护接口。CC 板接口如表 15-9 所示。

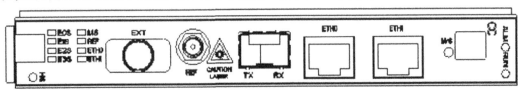

图 15-11　CC 板

表 15-9　CC 板接口

接口名称	说明
ETH0	用于 BBU 和 BSC 之间的 GE/FE 口连接
ETH1	用于调试或本地维护
EXT	外置通信接口,连接外置接收机,主要是 RS485、PP1S、2M 接口
REF	外接 GPS 天线
TX/RX	用于 BBU 和 BSC 之间的光口连接

CC 板指示灯含义如表 15-10 所示。

表 15-10　CC 板指示灯含义

灯名	颜色	含义	闪烁情况	闪烁情况所代表的状态
E0S	绿	1~4 路 E1 指示灯	闪烁频率为 8 Hz	分时依次闪烁,每秒最多闪 4 次,0.125 s 亮,0.125 s 灭; 第 1 秒,闪 1 下表示第 0 路正常,不亮表示不可用;
E1S	绿	5~8 路 E1 指示灯		第 3 秒,闪 2 下表示第 1 路正常,不亮表示不可用;
E2S	绿	9~12 路 E1 指示灯		第 5 秒,闪 3 下表示第 2 路正常,不亮表示不可用;
E3S	绿	13~16 路 E1 指示灯		第 7 秒,闪 4 下表示第 3 路正常,不亮表示不可用。 如此再循环显示,循环一次 8 s
MS	绿	主备指示灯	不闪烁	亮表示主板,灭表示备板
REF	绿	GPS 天线指示灯	6 种闪烁方式	常亮:表示天馈正常; 常灭:表示天馈和卫星正常,正在初始化; 慢闪:表示天馈断路,1.5 s 亮,1.5 s 灭; 快闪:天馈正常但搜不到卫星,0.3 s 亮,0.3 s 灭; 极慢闪:天线短路,2.5 s 亮,2.5 s 灭; 极快闪:初始未收到电文,70 ms 亮,70 ms 灭
ETH0	绿	Abis 口链路状态灯	不闪烁,由 PHY 控制	亮:表示 Abis 口物理链路正常 灭:表示 Abis 口物理链路断
ETH1	绿	ETH1 网口链路状态灯	不闪烁,由 PHY 控制	亮:表示 ETH1 网口物理链路正常 灭:ETH1 网口物理链路断
ALM	红	告警指示灯	处理器控制	亮:表示模块有告警 灭:表示模块无告警

灯名	颜色	含义	闪烁情况	闪烁情况所代表的状态
RUN	绿	运行指示灯	6 种闪烁方式	常亮:表示版本开始运行,试图得到逻辑地址; 慢闪(1.5 s 亮,1.5 s 灭):基本进程正在上电; 正常闪(0.3 s 亮,0.3 s 灭):上电完毕进入正常工作状态; 极慢闪(2 s 亮,2 s 灭):模块正在进行主备预倒换; 较慢闪(1 s 亮,1 s 灭):模块正在进行主备倒换; 快闪(70 ms 亮,70 ms 灭): CC 模块和 OMP 的通信断; CC/FS 备板和主板通信断; CH 和 CC 通信断; FS 和 CC 通信断

信道板(CH)功能:完成基带的前向调制和反向调制;实现 CDMA 的多项关键技术,如分集技术、RAKE 接受、更软切换和功率控制;GE 以太网交换功能,提供信令流和媒体流交换平面;支持 CHV 和 CHD 模块的混插,以同时支持 1X 和 EV-DO 业务;CHV2 支持 12 载频的处理,芯片为 CSM6800,前向支持 285CE,反向支持 256CE;CHDO 最多支持 6 个 DO 载波,支持 192 个 CE。

信道板(CH)指示灯含义如表 15-11 所示。

表 15-11 信道板(CH)指示灯含义

灯名	颜色	含义	闪烁情况	闪烁情况所代表的状态
BLS	绿	基带链路(前/反向)运行状态指示灯	闪烁频率为 8 Hz,表示负荷分担下(FS0/FS1)板连接到 CH 板的 SERDES 接收工作状态(以及板内前向基带信号的错误指示)	分时依次闪烁,每秒最多闪 4 次,0.125 s 亮,0.125 s 灭。 第 1 秒,闪 1 下:表示与 FS0 通信正常,不亮表示不可用。 第 4 秒,闪 2 下:表示与 FS1 通信正常,不亮表示不可用。 如此再循环显示,循环一次 6 s。 如果信道芯片输出的前向 IQ 信号校验错,则常灭。 如果 61.44 M 时钟或者 32 CHIP 时钟错误,常灭
SCS	绿	系统时钟(50 CHIP、10 ms)运行状态指示灯	3 个状态:常亮、快闪、灭。分别表示 50 CHIP,10 ms 状态	常亮:系统时钟运行正常 快闪:10 ms 错,0.125 s 亮,0.125 s 灭。 灭:50 CHIP 错

灯名	颜色	含义	闪烁情况	闪烁情况所代表的状态
ST	绿	预留	由 CPU 控制,EPLD 透传方式点灯	—
CST	绿	CPU 和 MMC 之间的通信情况指示灯	由 CPU 控制,EPLD 透传方式点灯	常亮:CPU 和 MMC 之间通信正常; 灭:CPU 和 MMC 之间通信失败
RUN	绿	运行指示灯	4 个状态:5 Hz 闪烁、1 Hz 闪烁、常亮和灭	5 Hz 闪烁:表示模块处于上电过程中; 1 Hz 闪烁:表示模块运行正常; 常亮:表示模块版本下载成功,正在启动版本; 灭:表示模块不正常
ALM	红	告警指示灯	处理器控制	亮:表示模块有告警; 灭:表示模块无告警

网络交换板(CH)(见图 15-12)功能:在前向,首先对基带数据进行复用,组帧,然后经光口发送到远端 RRU;在反向,接收到的 RRU 远端数据先进行解帧处理,再解复用,然后送给基带处理部分;支持 6 个基带光纤拉远接口;除光接口处理外,其他功能由逻辑单元实现。

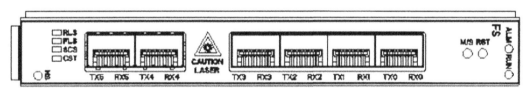

图 15-12 网络交换板(CH)

网络交换板(CH)指示灯含义如表 15-12 所示。

表 15-12 网络交换板(CH)指示灯含义

灯名	颜色	含义	说明	闪烁情况所代表的状态
RUN	绿	运行指示灯	MMC 控制点灯	5 Hz 闪烁:表示模块处于上电过程中; 1 Hz 闪烁:表示模块运行正常; 常亮:表示版本下载成功,正在启动版本; 灭:表示模块不正常
ALM	红	告警指示灯	MMC 控制点灯	亮:表示模块有告警; 灭:表示模块无告警

射频单元(RSU)(见图 15-13)功能:与基带插箱的通信功能;完成空中射频信号和数

字信号之间的相互转换;完成射频信号的放大、收发;时钟同步功能。

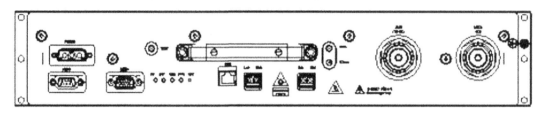

图 15-13 射频单元(RSU)示意图

射频单元(RSU)接口说明如表 15-13 所示。

表 15-13 射频单元(RSU)接口说明

接口名称	A 端实体	B 端实体	说明
ANT1(TX/RX)	RSU	收发天线	与发射、接收主集通道收发天线连接
ANT2(RX)	RSU	接收天线	与接收分集通道天线连接
Rx out	RSU	频点扩展的 RSU	频点扩展输出接口,输出主集接收信号
Rx in	频点扩展的 RSU	RSU	频点扩展输入接口,输入分集接收信号
TX1/RX1	RSU	BBU 或者上一级级联的 RSU	与 BBU 或级联的上级 RSU 的 CPRI 光接口连接
TX2/RX2	RSU	下一级级联的 RSU	与级联的下级 RSU 的 CPRI 光接口连接

射频单元(RSU)指示灯含义如表 15-14 所示。

表 15-14 射频单元(RSU)指示灯含义

灯名	颜色	含义	说明
RUN	绿	RSU 运行指示灯	常亮:RSU 处于复位、启动状态; 1 Hz 闪烁:RSU 状态正常; 5 Hz 闪烁:版本下载过程; 灭:表示自检失败
ALM	红	RSU 告警指示灯	灭:表示运行无故障或正在复位、启动或者下载版本; 5 Hz 闪烁:严重或紧急告警; 1 Hz 闪烁:一般或轻微告警

BS8800 外部线缆布线示意图如图 15-14 所示。

RTR 如图 15-15 所示。

RTR 功能和 RSU 一样,只是外面加了铸铁,主要应用场景为室外环境不是很好的地方。

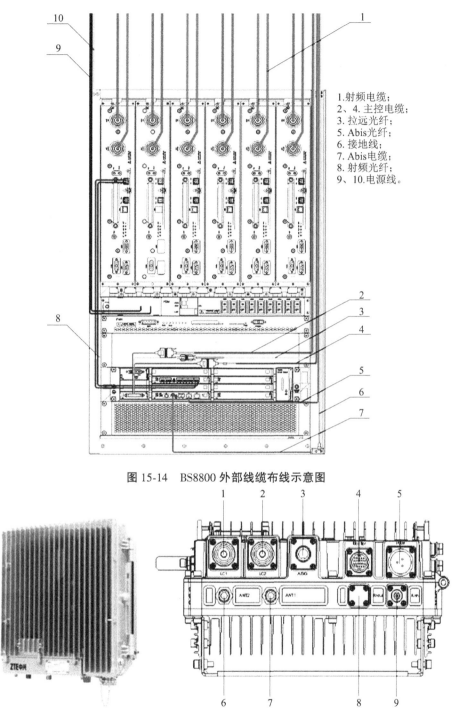

1.射频电缆；
2、4.主控电缆；
3.拉远光纤；
5.Abis光纤；
6.接地线；
7.Abis电缆；
8.射频光纤；
9、10.电源线。

图 15-14　BS8800 外部线缆布线示意图

1.LC1：光接口 BBU 与 RRU 的接口/RRU 级联接口；2.LC2：光接口 BBU 与 RRU 的接口/RRU 级联接口；

3.AISG：8 芯插座；4.Monitor：37 芯插座外部设备接口；5.PWR：直流接口连接器，电源接口；

6.ANT2：接收分集频线接口 50 Ω 连接器；7.ANT1：发射/接收主集射频线路；

8.RXout：频点扩展输出接口；9.RXin：频点扩展输入接口。

图 15-15　RTR

(四)DBS3910

DBS3910设备如图15-16所示。BBU指标如表15-15所示。

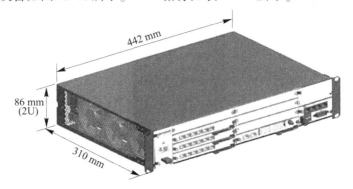

图 15-16　DBS3910 设备

表 15-15　BBU 指标

BBU 参数	指标
尺寸(宽×高×深)	442 mm×86 mm×310 mm(2U)
重量	满配置:≤15 kg 典型配置:≤7 kg
最大功耗	650 W
防护等级	IP20
工作温度	−20 ℃～+55 ℃
工作相对湿度	5% RH～95% RH
工作电压	−48 V DC(−38.4 V DC～−57 V DC)

BBU3910参数如表15-16所示。

表 15-16　BBU3910 参数

FAN			UPEU
		GTMUc	
	UBBPe4	UMPTb9	

BBU散热能力如表15-17所示。

BBU3910上有打印着ESN(Electronic Serial Number,电子序列号)号码的标签,该标签在BBU3910上的位置如图15-17所示。

ESN是用来唯一标识一个设备的标志,将在基站调测时被使用。

表 15-17 BBU 散热能力

类型	配置	规格
BBU3900	FAN	350 W
	FANc	650 W
BBU3910	FANd	1 000 W
	FANe	1 000 W

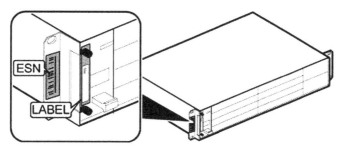

图 15-17 ESN 标签位置

BBU3910 为基带处理单元,主要提供以下功能:

● 提供与传输设备、射频模块、USB(1)设备、外部时钟源、LMT 或 M2000 连接的外部接口,实现信号传输、基站软件自动升级、接收时钟以及 BBU 在 LMT 或 M2000 上维护的功能。

● 集中管理整个基站系统,完成上下行数据的处理、信令处理、资源管理和操作维护的功能。

BBU3910 由基带子系统、整机子系统、传输子系统、互联子系统、主控子系统、监控子系统和时钟子系统组成,原理如图 15-18 所示。

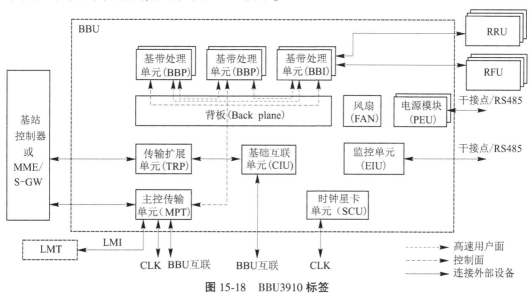

图 15-18 BBU3910 标签

各个子系统又由不同的单元模块组成：

- 基带子系统：基带处理单元。
- 整机子系统：背板、风扇、电源模块。
- 传输子系统：主控传输单元、传输扩展单元。
- 互联子系统：主控传输单元、基础互联单元。
- 主控子系统：主控传输单元。
- 监控子系统：电源模块、监控单元。
- 时钟子系统：主控传输单元、时钟处理单元。

单板说明如表 15-18 所示。

表 15-18　单板说明

名称	单板说明
GTMU	GTMU(GSM Transmission & Timing & Management Unit)单板是 GSM 的主控传输单元,为 BBU 内其他单板提供信令处理和资源管理功能
UMPT	UMPT(Universal Main Processing & Transmission Unit)为 BBU3910 的主控传输板,为其他单板提供信令处理和资源管理等功能
UBBP	基带处理板 UBBP(Universal BaseBand Processing Unit),主要实现基带信号处理、CPRI 信号处理等功能
FANc	风扇单元 FAN(Fan Unit),主要用于风扇的转速控制及风扇板的温度检测,并为 BBU 提供散热功能
UPEU	电源环境接口单元 UPEU(Universal Power and Environment Interface Unit),用于将−48 V DC 输入电源转换为+12 V DC,并提供 2 路 RS485 信号接口和 8 路开关量信号接口

GTMU 单板是 GSM 的主控传输单元。

GTMU/GTMUb/GTMUc 单板的主要功能如下：

- 完成基站的配置管理、设备管理、性能监视、信令处理等功能。
- 为 BBU 内其他单板提供信令处理和资源管理功能。
- 提供 USB 接口、传输接口、维护接口,完成信号传输、软件自动升级、在 LMT 或 U2000 上维护 BBU 的功能。
- 提供与射频模块通信的 CPRI 接口。

GTMUc 面板如图 15-19 所示。

GTMUc 功能及原理(见图 15-20)：当配置一块 GTMUb/GTMUc 的 GBTS 基站演进到多模共主控基站时,需要配置一块 UMPT 单板来实现共主控。此时,原 GTMUb/GTMUc 进化为基带射频接口板,仅提供与射频模块通信的 CPRI 接口。

GTMU 面板接口含义如表 15-19 所示。

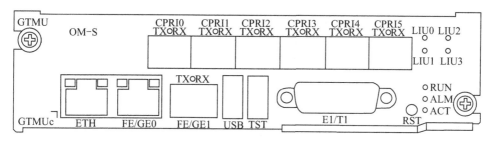

图 15-19 **GTMUc 面板示意图**

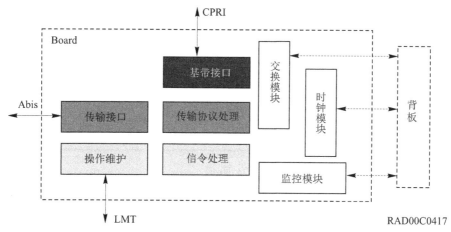

RAD00C0417

图 15-20 **GTMUc 功能及原理示意图**

表 15-19 **GTMU 面板接口含义**

面板标识	连接器类型	说明
E1/T1	DB26 母型连接器	E1/T1 信号传输接口
EXT(GTMUC)	SFP 母型连接器	预留
• FE0(GTMU/GTMUb) • FE/GE0(GTMUc)	RJ45 连接器	FE 电信号传输接口
• FE1(GTMU/GTMUb) • FE/GE1(GTMUc)	DLC 连接器	FE 光信号传输接口
ETH[a]	RJ45 连接器	近端维护和调试
TST[b]	USB 连接器	时钟测试接口,用于输出时钟信号
USB[c]	USB 连接器	USB 加载口
CPRI0~CPRI5	SFP 母型连接器	与射频模块互联数据传输接口,支持光、电传输信号的输入、输出
RST	—	复位按钮

注:a.调试网口必须开放 OM 端口才能访问,且通过 OM 端口访问基站有登录的权限控制。

b.USB 调试口仅做调试用,无法进行配置和基站信息导出。

c.USB 加载口具有 USB 加密特性,可以保证其安全性,且用户可以通过命令关闭 USB 加载口。

GTMU 面板上有 3 个状态指示灯,含义如表 15-20 所示。

表 15-20　GTMU 面板指示灯含义

面板标识	颜色	状态	说明
RUN	绿色	常亮	有电源输入,单板存在故障
		常灭	无电源输入或单板存在故障
		闪烁(1 s 亮,1 s 灭)	单板正常运行
		闪烁(0.125 s 亮,0.125 s 灭)	单板正在加载软件
ALM	红色	常亮	有告警,需要更换单板
		常灭	无故障
		闪烁(1 s 亮,1 s 灭)	有告警,不能确定是否需要更换单板
ACT	绿色	常亮	主用状态
		闪烁(0.125 s 亮,0.125 s 灭)	OML(Operation and Maintenance Link)断链

GTMU 面板接口指示灯含义如表 15-21 所示。

表 15-21　GTMU 面板接口指示灯含义

对应的接口/面板标识	颜色	状态	说明
LIU0~LIU3	绿色	常亮	E1/T1 近端告警
		闪烁(1 s 亮,1 s 灭)	E1/T1 远端告警
		常灭	该链路工作正常
CPRI0~CPRI5	红绿双色	绿灯常亮	CPRI 链路工作正常
		红灯常亮	光模块收发异常,可能原因: 光模块故障; 光纤折断
		红灯闪烁(1 s 亮,1 s 灭)	CPRI 失锁,可能原因: 双模时钟互锁失败; CPRI 接口速率不匹配
		常灭	光模块不在位 CPRI 电缆未连接
ETH	绿色(左边 LINK 灯)	常亮	连接成功
		常灭	没有连接
	橙色(右边 ACT 灯)	闪烁	有数据收发
		常灭	没有数据收发

对应的接口/面板标识	颜色	状态	说明
FE/GE1	绿色(左边 LINK 灯)	常亮	连接成功
		常灭	没有连接
	绿色(右边 ACT 灯)	闪烁	有数据收发
		常灭	没有数据收发

UMPT 主控板功能如下:

- 完成配置管理、设备管理、性能监视、信令处理、主备切换等功能。
- 实现对系统内部各单板的控制。
- 提供整个系统所需要的基准时钟。
- 可以实现传输功能,集成单星卡,提供绝对时间信息和 1PPS 参考时钟源。
- 在初始配置的时候,完成基本传输的功能,包括 4 个 E1 和 2 个 FE/GE 的传输接口,完成 ATM、IP 和 PPP 协议。

UMPT 面板接口含义如表 15-22 所示。

表 15-22　UMPT 面板接口含义

面板标识	连接器类型	说明
E1/T1	DB26 母型连接器	E1/T1 信号传输接口 说明:UMPTb9 不支持 E1/T1 接口
FE/GE0	RJ45 连接器	FE/GE 电信号传输接口
FE/GE1	SFP 母型连接器	FE/GE 光信号传输接口
GPS	SMA 连接器	UMPTa2 上 GPS 接口预留 UMPTa6、UMPTb2、UMPTb9 上 GPS 接口用于传输天线接收的射频信息给星卡
USB	USB 连接器	可以插 U 盘对基站进行软件升级,同时与调试网口复用
CLK	USB 连接器	用于 TOD 与测试时钟复用
CI	SFP 母型连接器	用于 BBU 互联
RST	—	复位开关

UMPT 面板上有 3 个状态指示灯,含义如表 15-23 所示。

表 15-23　UMPT 面板指示灯含义

面板标识	颜色	状态	说明
RUN	绿色	常亮	有电源输入,单板存在故障
		常灭	无电源输入或单板处于故障状态
		闪烁(1 s 亮,1 s 灭)	单板正常运行

面板标识	颜色	状态	说明
RUN	绿色	闪烁(0.125 s 亮,0.125 s 灭)	单板正在加载软件或配置数据
			单板未开工
ALM	红色	常亮	有告警,需要更换单板
		常灭	无故障
		闪烁(1 s 亮,1 s 灭)	有告警,不能确定是否需要更换单板
ACT	绿色	常亮	主用状态
		常灭	非主用状态
			单板没有激活
			单板没有提供服务
		闪烁(0.125 s 亮,0.125 s 灭)	OML(Operation and Maintenance Link)断链
		闪烁(以 4 s 为周期,前 2 s 内, 0.125 s 亮,0.125 s 灭,重复 8 次后常灭 2 s)	未激活该单板所在框配置的所有小区
			S1 链路异常

UMPT 单板插在 Slot7,如图 15-21 所示。

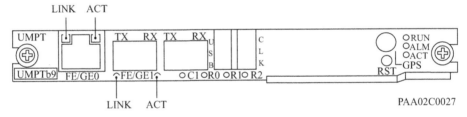

PAA02C0027

图 15-21　UMPT 单板插在 Slot7 示意图

UMPT 面板接口指示灯含义如表 15-24 所示。

表 15-24　UMPT 面板接口指示灯含义

对应的接口/面板标识	颜色	状态	含义
FE/GE 光口	绿色(左边 LINK)	常亮	连接状态正常
		常灭	连接状态不正常
	橙色(右边 ACT)	闪烁	有数据传输
		常灭	无数据传输
FE/GE 电口	绿色(左边 LINK)	常亮	连接状态正常
		常灭	连接状态不正常
	橙色(右边 ACT)	闪烁	有数据传输
		常灭	无数据传输

对应的接口/面板标识	颜色	状态	含义
CI	红绿双色	绿灯亮	互联链路正常
		红灯亮	光模块收发异常,可能原因:光模块故障
			光纤折断
		红灯闪烁,0.125 s亮, 0.125 s灭	连线错误,分以下两种情况: UMPT+UMPT连接方式下,相应端口上的指示灯闪烁
			环形连接,相应端口上的指示灯闪烁
		常灭	光模块不在位

UMPT 上还有 3 个制式指示灯 R0、R1 和 R2,指示灯含义如表 15-25 所示。

表 15-25　UMPT 面板指示灯含义

面板标识	颜色	状态	含义
R0	红绿双色	常灭	单板没有工作在 GSM 制式
		绿灯常亮	单板有工作在 GSM 制式
		红灯常亮	预留
R1	红绿双色	常灭	单板没有工作在 UMTS 制式
		绿灯常亮	单板有工作在 UMTS 制式
		红灯常亮	预留
R2	红绿双色	常灭	单板没有工作在 LTE 制式
		绿灯常亮	单板有工作在 LTE 制式
		红灯常亮	预留

UBBP 单板及其功能如图 15-22 所示。

UBBP 单板的主要功能如下:提供与射频模块通信的 CPRI 接口;完成上下行数据的基带处理功能;支持制式间基带资源重用,实现多制式并发。

UBBP 单板安插优先顺序:Slot3>Slot2>Slot1>Slot0>Slot4>Slot5。

FAN 功能:控制风扇转速,向主控板上报风扇状态,监控进风口温度,散热。

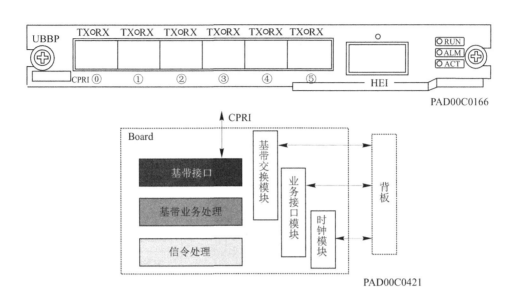

PAD00C0166

PAD00C0421

图 15-22　UBBP 单板及其功能

UBBP 面板 STATE 灯状态含义如表 15-26 所示。

表 15-26　UBBP 面板 STATE 灯状态含义

面板标识	颜色	状态	含义
STATE	绿色	0.125 s 亮,0.125 s 灭	模块尚未注册,无告警
		1 s 亮,1 s 灭	模块正常运行
	红色	常灭	模块无告警
		1 s 亮,1 s 灭	模块有告警

UPEU 功能:将−48 V DC 或+24 V DC 输入电源转换为支持的+12 V 工作电源;提供 2 路 RS485 信号接口和 8 路开关量信号接口;具有防反接功能;有"UPEUc"标签的为新电源板,单块 UPEUc 最大支持 360 W。

UPEU 面板接口如图 15-23、表 15-23 所示。

光模块如图 15-24 所示。

光模块用于连接光接口与光纤,传输光信号。光模块上贴有标签,标签上包含速率、波长和传输模式等信息。

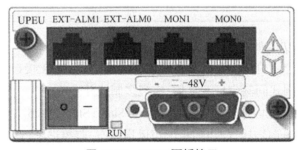

图 15-23　UPEU 面板接口

表 15-27　UPEU 面板含义

单板/模块	接口	数量	连接器类型	用途
UPEU	电源接口	1	3V3	−48 V DC 和+24 V DC 电源输入
	MON0	1	RJ45	提供 2 路 RS485 监控功能,连接外部监控设备
	MON1	1	RJ45	
	EXT−ALM0	1	RJ45	提供 8 路干结点告警接入,连接外部告警设备
	EXT−ALM1	1	RJ45	

1.速率;2.波长;3.传输模式。

图 15-24　光模块

光模块分为单模光模块和多模光模块,可通过光模块标签上传输模式标识进行区分:若光模块标签上传输模式标识为"SM",则为单模光模块;若光模块标签上传输模式标识为"MM",则为多模光模块。

RRU 为射频远端处理单元,主要包括高速接口模块、信号处理单元、功放单元、双工器单元、扩展接口和电源模块。

RRU 主要功能包括:

- 接收 BBU 发送的下行基带数据,并向 BBU 发送上行基带数据,实现与 BBU 的通信(见图 15-25)。

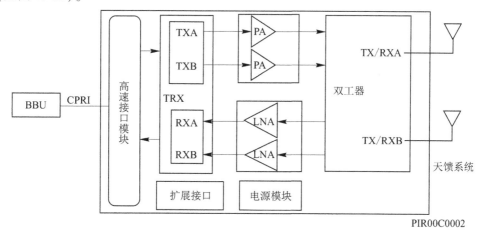

PIR00C0002

图 15-25　BBU 主要功能示意图

- 接收通道通过天馈接收射频信号,将接收信号下变频至中频信号,并进行放大处理、模数转换(A/D 转换)。发射通道完成下行信号滤波、数模转换(D/A 转换)、射频信号上变频至发射频段。

● 提供射频通道接收信号和发射信号复用功能,可使接收信号与发射信号共用一个天线通道,并对接收信号和发射信号提供滤波功能。

● 提供内置 BT(Bias Tee)功能。通过内置 BT,RRU 可直接将射频信号和 OOK 电调信号耦合后从射频接口 A 输出,还可为塔放提供馈电。

● 该 RRU 可以配套 AC/DC 电源模块使用,形成 AC RRU。

RRU 面板和接口如图 15-26 所示。

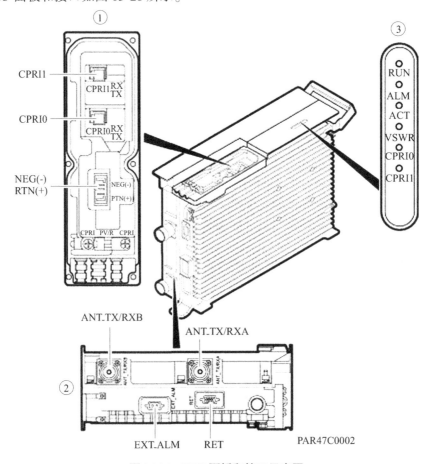

图 15-26　RRU 面板和接口示意图

RRU 面板接口如表 15-28 所示。

表 15-28　RRU 面板接口

项目	接口标识	说明
(1)配线腔接口	RTN(+)	电源接口
	NEG(−)	
	CPRI0	光/电接口 0
	CPRI1	光/电接口 1

项目	接口标识	说明
（2）底部接口	ANT_TX/RXA	发送/接收射频接口 A，支持传输电调信号，接口类型为 DIN 型母头
	ANT_TX/RXB	发送/接收射频接口 B，接口类型为 DIN 型母头
	EXT_ALM	告警接口，支持监控一路 RS485 告警和两路开关量告警，接口类型为 DB15 母头
	RET	电调天线通信接口，支持传输电调信号，接口类型为 DB9 母头

RRU 指示灯含义如表 15-29 所示。

表 15-29　RRU 指示灯含义

指示灯	颜色	状态	含义
RUN	绿色	常亮	有电源输入，单板故障
		常灭	无电源输入，或者单板故障
		闪烁（1 s 亮，1 s 灭）	单板正常运行
		闪烁（0.125 s 亮，0.125 s 灭）	单板正在加载软件或者单板未运行
ALM	红色	常亮	有告警，需要更换模块
		闪烁（1 s 亮，1 s 灭）	有告警，不能确定是否需要更换模块，可能是相关单板或接口等故障引起的告警
		常灭	无告警
ACT	绿色	常亮	工作正常（发射通道打开或软件在未开工状态下进行加载）
		闪烁（1 s 亮，1 s 灭）	单板运行（发射通道关闭）
VSWR	红色	常灭	无 VSWR（Voltage Standing Wave Ratio）告警
		闪烁（1 s 亮，1 s 灭）	"ANT_TX/RXB"端口有 VSWR 告警
		常亮	"ANT_TX/RXA"端口有 VSWR 告警
		闪烁（0.125 s 亮，0.125 s 灭）	"ANT_TX/RXA"和"ANT_TX/RXB"端口有 VSWR 告警
CPRI0	红绿双色	绿灯常亮	CPRI 链路正常
		红灯常亮	光模块收发异常（可能原因：光模块故障、光纤折断等）
		红灯闪烁（1 s 亮，1 s 灭）	CPRI 失锁（可能原因：CPRI 接口速率不匹配等）
		常灭	光模块不在位或者光模块电源下电

指示灯	颜色	状态	含义
CPRI1	红绿双色	绿灯常亮	CPRI 链路正常
		红灯常亮	光模块收发异常(可能原因:光模块故障、光纤折断等)
		红灯闪烁(1 s 亮,1 s 灭)	CPRI 失锁(可能原因:CPRI 接口速率不匹配等)
		常灭	光模块不在位或者光模块电源下电

DBS3900 功能模块由 BBU3910 和 RRU 组成,主要型号的 RRU 如表 15-30 所示。

表 15-30 DBS3900 功能模块

功能模块	说明
BBU3910	BBU3910 是基带处理单元,完成上下行基带信号处理和 GBTS/eNodeB 与 MME/S-GW、RRU 的接口功能
RRU3936	支持 900 M/1 800 M 频段,室外射频远端处理模块,负责传送和处理 BBU3910 和天馈系统之间的射频信号
RRU3953	支持 900 M 频段,室外射频远端处理模块,负责传送和处理 BBU3910 和天馈系统之间的射频信号
RRU3959	支持 900 M/1 800 M 频段,室外射频远端处理模块,负责传送和处理 BBU3910 和天馈系统之间的射频信号
RRU3971	支持 1 800 M 频段,室外射频远端处理模块,负责传送和处理 BBU3910 和天馈系统之间的射频信号

RRU 安装方式支持星型、链型、环型,可以提供 1T2R、2T2R、2T4R RRU 和 4T4R RRU。

(五)分布式基站 RBS6601

RBS6601 是一款射频拉远基站解决方案,专门优化用以在范围广泛的室内与户外应用中,为小区规划提供出色的无线性能。射频拉远基站的概念是指以更低的输出功率实现相同的高性能网络功能,因而功耗得以降低。最多可连接 6 个远端射频单元(RRUS)至一个主单元(MU)以满足任意站点需求。RRUS 专门设计在天线附近安装,以避免馈电损耗。体积小、重量轻的单元可以轻松携带至站点,安装简易、独立。

RBS6601 的主要特性如下所示:

(1)包含一个位于子机架的主机,安装在 19 in 的机架结构中,可以是现有的 RBS 或其他标准机架。

(2)支持-48 V DC(两线)电源。

(3)支持外接全球定位系统(GPS)。

(4)支持集成的外部告警。

(5)支持单模和混合模式多标准配置。

（6）能够配置传输连接单元（TCU）。

主机中的硬件单元如图 15-27 所示，单元名称和数量如表 15-31 所示。

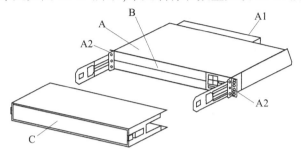

图 15-27　主机中的硬件单元

表 15-31　单元名称和数量

位置		单元名称	数量
A		支撑系统	1
	A1	风扇模块	1
	A2	移动支架（可选）	2
B		DU 或 TCU	1~2
C		Front cover（可选）	1

位置 A 为支撑系统，支撑系统控制气候系统，包括风扇。支撑系统也是 RBS 的 DC 接口，为 DU 和外接 SAU 配电。支持外部 EC 总线和内置告警。对于 GSM 和 LTE，可以在同一个支撑系统中安装两个 DU。对于 LTE，可以在同一支撑系统中安装两个 DU 或者是采用双支撑系统。

位置 A1 为风扇模块，风扇放在主机背面的风扇模块中，风扇模块可以更换。风扇冷却 DU 和支撑系统的内部电子元件。

位置 A2 为移动支架，移动支架可放在离前部 0 mm、58 mm 或 80 mm 的位置，以确保主机能够适应深度不同的机架。

位置 B 为 DU、TCU，DU 提供交换、流量管理、定时、基带处理和射频接口。TCU 是多标准 RBS 中的通用传输模块。TCU 总是与一个 DU 一起安装在机柜中。

连接接口如图 15-28 所示，位置描述如表 15-32 所示。

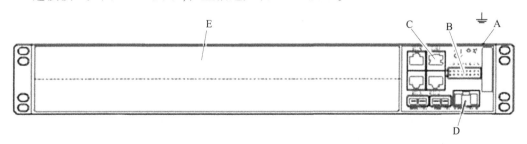

图 15-28　连接接口

表 15-32　位置描述

位置	描述
A	接地接口(位于主机背面)
B	内置外部告警接口
C	SAU 电源接口
D	电源接口
E	DU 或 TCU,带有连接到下列各项的接口: ● LAN 接口 ● GPS 接口 ● 连接到 RRUs 或 AIR 单元的光缆接口 ● 传输

位置 A 为接地接口,如图 15-29 所示。

所有设备都必须使用 16 mm² 接地电缆连接到机房内同一个站点的电源接地端子(MET)。接地点位于主机背面,包含一个 M8 螺丝、螺母和垫圈。

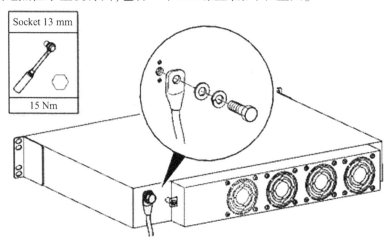

图 15-29　位置 A 接地接口示意图

位置 B 为内置外部告警接口,如图 15-30 所示。

主机支持 8 个内置告警端口,用于客户特定的外部告警。告警可通过开放或封闭的条件触发。外部告警连接到一个 8×2 极的可拆卸插座接头。

位置 C 为 SAU 接口(可选),如图 15-31 所示。

SAU 是可选设备,安装在机柜外。电源通过 10 极的 RJ-45 接头从主机传送给 SAU。

位置 D 为电源接口,如图 15-32 所示。

入局两线−48 V DC 电源通过一个两极接头连接。电源线必须拥有大于等于 4 mm² 的横截面面积。主机必须连接到外部保险丝。

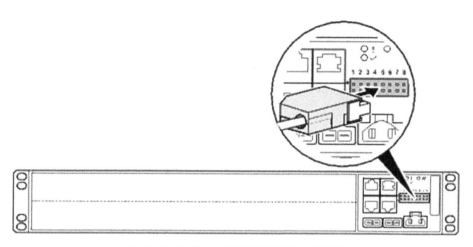

图 15-30　位置 B 内置外部告警接口示意图

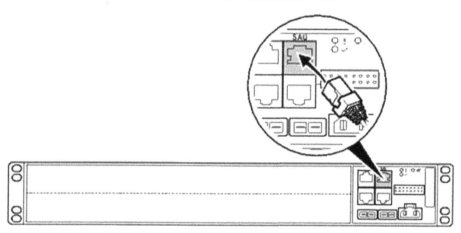

图 15-31　位置 C 的 SAU 接口示意图

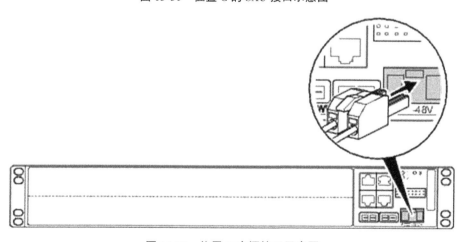

图 15-32　位置 D 电源接口示意图

位置 E 为站点 LAN 接口(可选),如图 15-33 所示。

在 WCDMA 中,站点 LAN 用于与 RBS Element Manager(EM)通信,在 LTE 中,本地

维护终端(LMT)执行此功能。客户端可通过 RBS EM 连接到 DU,用于通信和服务目的。

　　DU 的站点 LAN 接口占用端口 LMT B,并包含一个 RJ-45 接头。

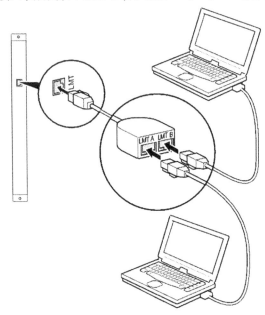

图 15-33　位置 E-站点 LAN 接口示意图

　　位置 E 为 GPS 接口(可选),如图 15-34 所示。

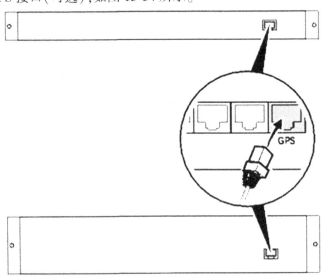

图 15-34　位置 E-GPS 接口示意图

　　RBS 可以选择连接到 GPS 系统,用于 RBS 时间同步。

　　数字单元 GSM(DUG)、DUL 和 DUS 中的 GPS 接口包含一个 RJ-45 接头。

　　RRU 和 AIR 单元使用光缆通过支持的小型可插拔(SFP)模块连接到主机。提供标准长度的光缆,从几米到几百米不等。

　　如果主机和 RRU 或 AIR 单元之间的距离较远,那么可以使用延长电缆或租用线路延长光纤连接。总连接不得超出主机和 RRU 或 AIR 单元之间的最大许可长度或距离。

　　主机和 RRU 或 AIR 单元之间的光缆连接场景,如图 15-35 所示。

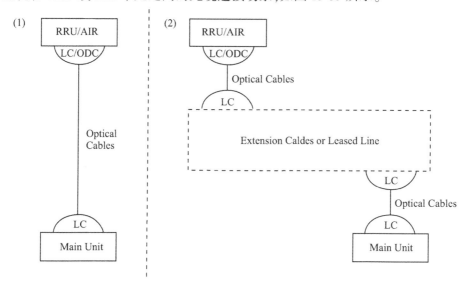

图 15-35　主机和 RRU 或 AIR 单元之间的光缆连接场景示意图

主机上连接 RRU 或 AIR 单元的光缆接口如图 15-36 所示。

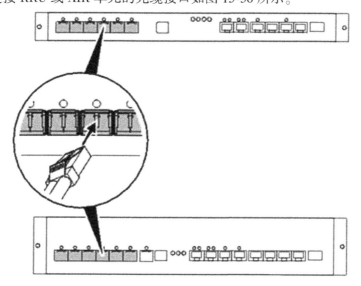

图 15-36　主机上连接 RRU 或 AIR 单元的光缆接口

　　传输标准(见表 15-33):电以太网传输(仅 WCDMA 和 LTE)、光以太网传输(仅 WC-DMA 和 LTE)。

　　DU 中的电以太网连接接口配备了一个 RJ-45 母接头,占据位置 TN A。电以太网

（可选）（WCDMA 和 LTE）如图 15-37 所示。

表 15-33　传输标准

传输标准	传输容量/Mbps	线缆阻抗/Ω	线缆类型	物理层
以太网（电）	100/1 000	100	平衡线路	IEEE 802.3-100/1000Base-T
以太网（光）	1 000	最大衰减 0.5 dB/布线	光纤	SFP 接头： • 1000Base-SX • 1000Base-LX • 1000Base-LX10 • 1000Base-LX40 • 1000Base-ZX • 1000Base-BX10 • 1000Base-BX20
E1	2.0	120,双绞线	平衡线路	ETSI ETS 300 166 & ITU-T G.703
T1	1.5	100,双绞线	平衡线路	ANSI T1.403
J1	1.5	100,双绞线	平衡线路	日本 JT-I.431a(ITU-T I.431)
J1	1.5	110,双绞线	平衡线路	日本 JT-G.703(ITU-T G.703)
STM-1	155.5	最大衰减 12 dB/布线	光纤	SFP 接头： • S-1.1 • L-1.1

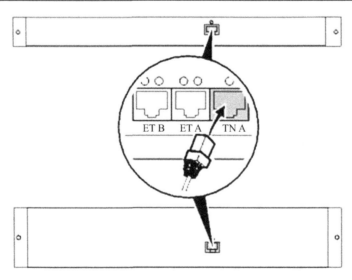

图 15-37　DU 中的电以太网连接接口示意图

　　DU 中的光以太网连接接口配备了一个光接头,占据位置 TNB。使用 DU 光传输时,需要一个兼容的 SFP 模块(见图 15-38)。

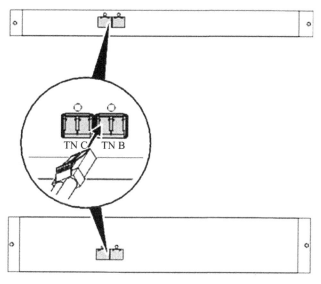

图 15-38　DU 中的光以太网连接接口示意图

二、常见故障处理

(一)断站

断站即基站业务运行中断,致使移动通信业务中断,原因有以下两种:

(1)传输断站。因为传输光缆、电缆故障导致基站业务中断,处理方法参照第三章"传输、光纤维护"内容处理即可。

(2)设备断站。表现为 BTS 主设备信号接入部分、数字处理部分如 BBU 等板卡故障,或主设备断电所致,相应查看板卡告警信息对应处理排除,或检查主设备直流电源供应恢复即可。

(二)小区退服

基站信号覆盖由 1 个或 3 个"宏蜂窝"小区组成,个别小区退出服务可基本判断该小区数据连线、收发信板卡或功放部分故障造成;部分 BBU+RRU 射频拉远基站三个小区一起退服可能是因为远端电源供应中断或光缆业务中断。基站维护人员根据网管中心提供的告警类型相应处理,并事先准备相关替换板卡备件。个别替换板卡需相关网络优化人员在远端进行业务配置方可正常运行。必要时,可协调设备厂家工程师远程协助处理故障。

(三)GPS 故障告警

1.故障现象

(1)GPS 天线连接开路。

(2)GPS 天线连接短路。

（3）与 GPS 卫星接收模块通信链路中断。

（4）GPS 卫星丢失。

2. 故障分析

针对 GPS 故障告警中"GPS 卫星丢失告警"：

（1）一般出现不用管。

（2）如果上述告警一直不消除，考虑更换 CC 单板。

（3）若上述告警长时间反复出现，说明 GPS 位置不好，或者是线缆接触不好。

3. 故障排查

针对 GPS 天线及线缆故障，排查方法主要采用电压和电阻测量法。

（1）一般情况下，在机顶 GPS 避雷器、干路放大器、功分器、GPS 接收机等位置的 GPS 馈线各接线头处，GPS 天线的芯线和屏蔽套间的电压都保持在 4.6~5.4 V。

（2）可以通过分别测量各个地方的电压来定位故障。比如在 Node B 机顶的 GPS 天馈接线柱上量得电压是 4.9 V，加上功分器后，在功分器接 GPS 天馈的接头处量得电压是 4.2 V，那么就可以定位功分器肯定有问题。

（3）将万用表电阻的量程调到 20 K 电阻挡（注意由于 GPS 天线是有极性的，所以万用表的红（正）笔和黑（负）笔测试的方向不同，数值也就不同）。

（4）将红（正）笔接 GPS 天线 N 头的芯线，黑（负）笔接 GPS 天线 N 头的屏蔽地，记下几个 GPS 天线的等效电阻值 R_1。将黑（负）笔接 GPS 天线 N 头的芯线，红（正）笔接 GPS 天线 N 头的屏蔽地，记下几个 GPS 天线的等效电阻值 R_2。

（5）正常情况下，同一品牌的不同 GPS 天线的 R_1 或 R_2 的电阻值，应该都是在很小的范围内变化，如果某个 GPS 天线和同一品牌的其他 GPS 天线的 R_1 或 R_2 的电阻值有明显不同，或者 R_1 和 R_2 的电阻值差异较大（应该在同一数量级），那该 GPS 天线肯定有问题，更换该天线。

（四）其他各类告警

因基站主设备业务、结构及功能的复杂多样，不同厂家设备告警定义及处理方法有所不同，需在远端监控及相关专业技术人员的指导和配合下进行故障处理。

（五）故障案例

【故障案例 1】 RRU 吊死造成告警

问题描述：

此问题较常见，表现在供电传输均正常，个别小区出现退服告警。

问题解决：

此类问题，既然小区退服，到站重启 RRU 是最直接的方法，操作较为快捷。若不能恢复，尽快检查 2M、光纤连接、光功、板卡等问题。

【故障案例 2】 2M 头虚焊造成闪断

问题描述：

某基站不定期闪断，间隔时间不定。

问题分析：

基站闪断多为传输故障、2M 头焊接质量低或者传输存在误码所致。随取用焊接工具赶到基站。

问题解决：

到达基站后，基站运行正常，检查后并未发现故障，由于白天在考核时段，无法断站进行检查。基站闪断又不定时，申请晚上断站，彻底检查并排除故障。断站后，重新焊接 2M 头，经过测试正常。基站恢复后，半个小时又闪断一次，故障并未排除；后经了解，远端局机房 DDF 架 2M 头明显存在虚焊现象，重新焊接后，基站恢复正常。

经验总结：

基站闪断故障一般比较难判断故障点所在，一旦出现此类问题，一定要在所有可能出现闪断的故障点检查并排除故障，传输看似正常，但 2M 检查不一定只在基站端。像上面的这个案例，如果只是一味地检查基站本身，问题是无法排除的。

【故障案例 3】 直放站常见问题及处理办法

直放站故障可以分为以下几种原因：电源问题、增益低、功率低、频偏、监控。

（1）电源问题。每个直放站都有自己的电源单元，其中包含了 5 V、29 V、12 V 等多个电源输出端子直放站近端机，为了更好地工作，采用机房电源−48 V 的也有很多。可以采用排除法逐步对直放机的电源单元进行排查输出找到断点，处理由于电源没有输出造成的故障。

（2）增益低。造成增益低的原因有以下几种：①施主天线无连接或信号弱；②施主天线与直放机之间有阻挡，天线方位角错误；③信号杂、多，前端饱和，不能区分，不解码。

（3）功率低。功率低一般是由于直放机自身功放出现故障，常见的有功放输入电源断开导致功放不工作，输入值低，直放机无法识别，不能正常输出，再就是功放单元故障损坏，需要及时更换。

（4）频偏。频偏即频率偏差，指的是在选频单元中的本振出现了故障，无法放大锁定频点功率。特征是在开机的状态下没有上行拨打的时候出现网络连接错误，不能正常拨打电话。

（5）监控。监控单元是网关对直放机工作状态的检查和各项参数修改的平台，是通过网络短信对直放机进行监控。主要由监控盘（主板）、监控猫两部分组成，监控盘在恶劣环境下工作一段时间以后容易出现死机，不识别，监控猫在收到非法短信以后出现无法分辨信息，不向监控平台回复信息，就是经常说的猫死机或者无应答。

针对以上提到的直放站常见的故障，根据故障类型的相应处理办法处理。

【故障案例 4】 有直放站但是没有信号，用户上线困难

故障现象：

接到投诉反映有直放站但是没有信号，用户上线困难，听不到对方说话。

处理过程：

接到投诉以后，工作人员到现场勘查，发现该地区的信号很弱，到直放站下边依然无法正常拨打电话，通过电脑联机发现直放站参数设置没有问题，在直放站的输入端显示很弱，到中继端机以后发现连接发射机的大功率耦合器连接处松动，导致信号输入弱，重新进行了连接紧固。联机后输出正常。

处理结果：

覆盖区域通话质量明显好转，用户很满意。

【故障案例5】 信号时好时坏，无法正常拨打电话

故障现象：

投诉人反映信号时好时坏，无法正常拨打电话，掉话现象严重。

处理过程：

针对这个问题，到近端之后将施主天线的方向做出了相应的调整，并检查近端机是否正常工作，在保证近端机正常工作以后，到了远端机发现远端机在第一扇区和第三扇区之间频繁地切换，选择一扇区频点三扇区频点占主频，选择三扇区频点一扇区频点占主频，根据方向性合理地选择三扇区作为施主天线，将天线对准三扇区所对应的方向，还是无法解决切换的问题，又对天馈系统做了进一步的检查，发现馈弯由于长时间与抱杆进行摩擦已经裸露，驻波值无穷大。更换馈线，调整天线后恢复正常。

处理结果：

在与投诉人联系后用户很满意，在有电的情况下设备工作一切正常。这也提醒我们，在对直放站工程验收过程中，对一些细节要加以重视。

【故障案例6】 在小区内部打电话总是出现无法连接或网络忙

故障现象：

在小区内部打电话总是出现无法连接或网络忙，无法正常通话，经过几次拨打以后勉强可以通话，但是在通话的过程中掉话或者上行很差，听不清对方说话。

处理过程：

针对该站点是无线移频直放站，对直放站的天线进行了测试，并用驻波测试仪进行了驻波比测试，发现天馈系统范围内并没有出现什么问题。到直放机的近端信源基站进行了近端机的联机测试，发现均有输出，并将近端机的频率选择进行了截图保存，拿到远端机进行了详细比对，没有发现什么问题，基本可以排除直放机故障。后与机房联系，比对小区内的频点，发现频点在网络优化的过程中有所变更。对直放机的频点选择进行了相应的变更。

处理结果：

频点变更以后，场强和手机发射功率均正常，可以正常拨打电话，但是在反复的拨打测试中发现偶尔还是会出现网络忙拨不出电话的现象，对从发天线的方向进行了调整，缩小覆盖面积，故障彻底清除。

【故障案例7】 直放站工作正常，监控不通，无应答

故障现象：

直放站工作正常，监控不通，无应答（监控猫不向监控平台回复信息，就是经常说到的猫死机或者无应答）。

处理过程：

接到通信运营商公司通知后，工作人员到现场，通过电脑联机检测，到近端联机，无法正常切换到远端,到远端联机,直放站远端参数设置都正常,通过观察发现,直放站光收发模块上有收无光告警,用光功率计测量显示的是光路正常,由此可以初步判断是光收发模块的故障,所以才使直放站远端机无法正常向近端机回复正常的监控信息,在近端联机查看光收发模块型号后,更换光收发模块,直放站恢复正常工作,监控也恢复正常。

处理结果:

经更换光收发模块后,直放站恢复正常,监控也恢复正常。

【故障案例 8】 直放站覆盖范围内用户反映通话质量差

故障现象:

直放站覆盖范围内用户反映通话质量差,无法正常通话,监控不通,无应答。

处理过程:

由于远端收不到近端发过来的光信号,因此监控猫无法向近端返回远端正常的监控信息,通过光功率计测量,远端收无光,直放站无法正常收到从近端发过来的光,初步判断是光缆原因造成的,为了进一步确认,到近端后测试直放站发光正常,去掉光分路器后,直接用微纤从近端机接出来,再到远端进行光路测试,发现光路恢复正常,直放站没有了收无光告警,重新更换光分路器后远端光路恢复正常,通过调整直放站上下行的衰减值,直放站覆盖区的通话质量明显好转,监控恢复正常。

处理结果:

更换光分路器后,直放站远端收光正常,通过调整直放站参数,直放站覆盖区通话质量明显好转,监控恢复正常。

三、协调工作

目前,通信基站包含 GSM、WCDMA、CDMA、FDD 和 TDD 等主设备,按基站类型分宏基站和室内分布;主设备生产厂家有华为、爱立信、中兴等。代维单位基站维护人员要根据地市设备的不同掌握相应设备故障处理和维护技能,并需牢记各地市通信运营商基站网管监控、传输网管监控值班电话,各设备厂家及工程师技术支撑电话,以利于迅速沟通配合故障处理工作。

第十六章 馈线维护

一、定义

馈线是将基站主设备与射频天线通过等型号馈线接头进行连接,实现移动通信无线信号收发传递的中间介质。一般以同轴电缆形式存在(见图 16-1);型号有 1/2 in(分软跳线、硬跳线,用于宏基站连接线、一体化小基站或室内分布系统)、7/8 in(宏基站定向天线使用)、5/4 in 等,以负极芯轴和正极屏蔽层与天线振子构成回路。

图 16-1 同轴电缆馈线

安全防盗:由于馈线轴芯及屏蔽层一般为电子导通性能良好的铜质材料,价格贵重,所以成为不法分子非法盗窃牟利的目标,被盗案件时有发生。是基站故障超时的重要因素之一,且直接经济损失都在数千元以上。代维单位基站维护人员应利用基站巡检或任何到站机会充分排查馈线盗窃或损坏隐患;积极协助通信运营商管理人员进行案件处理;建议和配合甲方有效开展馈线防盗技改项目。

二、常见故障处理

(一)驻波告警

驻波是射频信号发送过程中出现的反向/正向功率比升高,造成信号发射强度衰减,从而影响基站小区覆盖范围的故障现象。一般原因为馈线、馈头等部位材料质量差、接触松动、连接断裂、馈头或馈线进水、材料氧化、杂质等,表现形式为轻度断路或短路。

处理馈线驻波告警,一般需要用驻波比表(驻波仪)进行驻波比测试(驻波比值应小于 1.4),确定驻波比值和故障点至测试点的距离,指导快速排除故障。驻波往往发生在馈线两端或接头部分,以及与主设备输出端和与天线连接端,后者尤为常见。查到故障原因后进行相应处理,如连接紧固、重新做头、排除积水干燥处理、更换馈线等,当处理完毕室外部分故障后,一定要对馈线打开部分进行杂质清理、绝缘胶带缠绕、包裹胶泥等封包处理,以防止馈线进水、进杂质、氧化等情况出现,并重新将馈线卡安装紧固。馈线自主机柜引出至天线之间,所途经的环境复杂,所经过的每一处都应做好长期维护的准备工作,处理好每一个细节。如图16-2所示,馈线翻越墙体时,应固定牢靠,防止外力造成的摩擦损害馈线,而且馈线折弯的弧度应符合相应线径的标准要求。

图16-2 馈线引出至塔上

(二)馈线发热

馈线发热主要原因为室内温度高、业务繁忙(负荷高)、连接松动等,发热使馈线材料密度发生变化,形成高电阻,产生驻波。采用室内降温、紧固连接、更换优质材料等方法解决。

三、协调工作

馈线故障处理常常伴随材料更换工作,基站维护人员应谨慎处理、厉行节约;并有计划地报请通信运营商管理人员进行备品备料准备,以保证故障处理效率,包括准备充足的各类型号馈线、馈头、绝缘胶带、胶泥、防火泥、馈线卡、标示牌等物料。

第十七章　天线维护

一、定义

移动通信基站主设备天线(见图17-1、图17-2)是承载无线信号接收和发送任务的基站末端设备。分定向天线、全向天线。全向天线的发射角度为360°全方位发射;定向天线以一固定角度向某一方向发射。定向天线包括单极化、双极化、双频双极化、电调天线等种类。宏基站一般采用三副定向天线实现基站信号360°全方位覆盖,以北偏东30°为第一扇区主辐射方向,每120°为一个扇区辐射角度。天线挂高一般在距地面50 m高度。由于主设备信道数量决定基站用户在线承载量,根据城市、乡镇、农村及偏远地区用户量的不同,基站建设密度不同,天线俯仰角及覆盖范围不同。

图 17-1　天线

图 17-2　房顶天线

二、常见故障处理

基站天线故障主要表现为因连接松动、风吹等外力因素引起机械故障,即方位角或俯仰角发生偏移错位情况,造成基站信号覆盖区域偏差影响移动通信终端用户使用感知。此类问题可在基站巡检过程中目测发现,但大部分是由通信运营商网络优化人员根据无线网络优化分析确定是否对天线进行调整,代维单位应配备具有专业登高资质人员(塔工)配合网络优化人员进行天线调整及相关故障处理。天线俯仰角调整需使用罗盘水平仪确定倾角度数,方位角调整需使用罗盘确定方向角,调整完毕,须将天线紧固再校验。驻波处理需要解开馈线接头绝缘防水材料,重新连接后需重新缠绕防水胶带封包胶泥,保证防水性能可靠。

三、作业安全

基站天线倾角调整是网络优化专业常见工作内容,部分天线有电调功能,通过控制系统进行调整。但大部分天线需要通过手工进行下倾角或方位角机械调整,这就需要登高人员爬上高塔作业,做好安全防护成为上塔工作的首要前提。塔工上塔必须持证上岗,必须佩戴安全帽、防滑手套、防滑鞋等保障设施,在塔上必须系好安全带,防止人员发生坠落危险;也必须坚决杜绝作业过程中扳手、罗盘、螺丝等工具物体从高空坠落。管塔攀爬必须使用与安全钢索型号相匹配的带防止下滑的安全锁扣的安全带。塔下配合指挥人员也必须佩戴安全帽,且时刻警惕高空坠物,并在塔下围绕布放警戒线,防止并劝阻无关人员靠近铁塔。

第十八章 基站巡检

一、定义

基站巡检,顾名思义就是对基站进行巡视检查,按照通信运营商巡检要求,对不同等级的基站进行不同周期的巡检。通过巡检,保证基站设备、环境设施处在最佳运行状态;主动发现并及时排除隐患,起到预检预修的作用,降低故障率,提高基站网络运行指标,提高用户感知和满意度,密切与业主和周围群众关系,提高认知度,增进和谐共处关系。

巡检工作优化如图 18-1 所示。

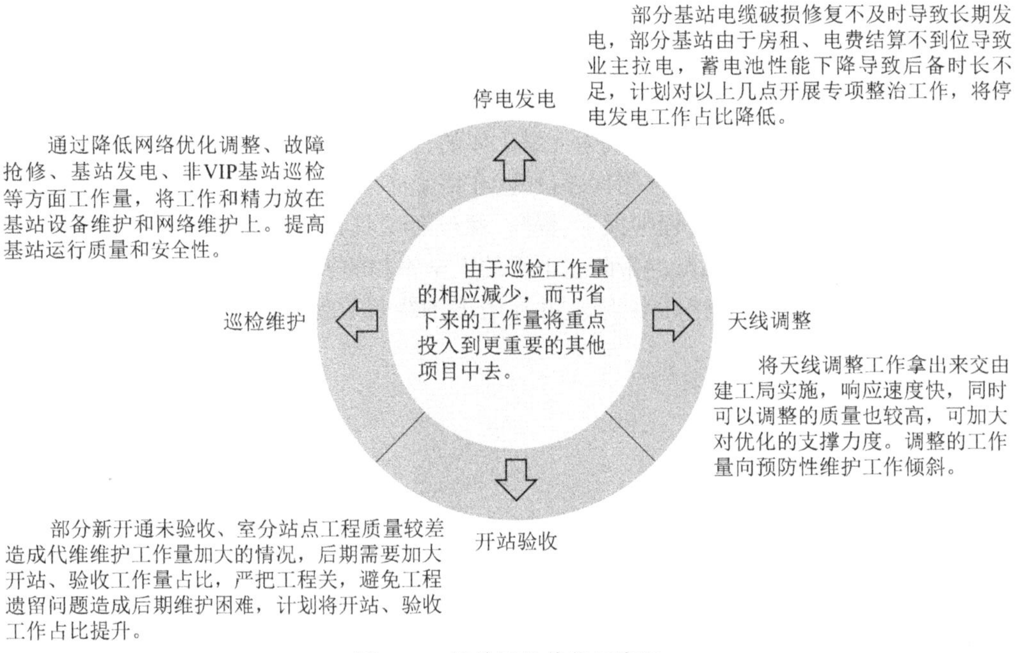

部分基站电缆破损修复不及时导致长期发电,部分基站由于房租、电费结算不到位导致业主拉电,蓄电池性能下降导致后备时长不足,计划对以上几点开展专项整治工作,将停电发电工作占比降低。

停电发电

通过降低网络优化调整、故障抢修、基站发电、非VIP基站巡检等方面工作量,将工作和精力放在基站设备维护和网络维护上。提高基站运行质量和安全性。

巡检维护

由于巡检工作量的相应减少,而节省下来的工作量将重点投入到更重要的其他项目中去。

天线调整

将天线调整工作拿出来交由建工局实施,响应速度快,同时可以调整的质量也较高,可加大对优化的支撑力度。调整的工作量向预防性维护工作倾斜。

部分新开通未验收、室分站点工程质量较差造成代维维护工作量加大的情况,后期需要加大开站、验收工作量占比,严把工程关,避免工程遗留问题造成后期维护困难,计划将开站、验收工作占比提升。

开站验收

图 18-1 巡检工作优化示意图

二、基站巡检操作书

为突出移动通信基站巡检工作的重要性,提高基站巡检工作效率,发现并杜绝基站运行隐患,保障基站处在正常运行轨道中,依据《××基站出入登记表》《××基站巡检登记表》,制定以下基站巡检操作步骤。

重点提示:

- 进出基站必须填写基站出入登记表,必须填写各项内容并与网管监控确认。
- 巡检登记表填写巡检人姓名,巡检日期必须与当日入站登记表日期一致。

• 各项巡检内容应逐条检查,并在检查结果栏里填写"正常""牢固""已清洁""无告警""完整""无锈蚀"等词语或相应数据,严禁空格,严禁打"√",严禁跨行填写。若有不正常情况,在备注栏内注明,并进行相应处理。

(一)BTS 主设备

(1)设备运行状态:检查设备直流工作电压(-53.5 V)是否正常,各插板 LED(二极管指示灯)是否正常,有无告警。

(2)机柜风扇:检查机柜内各个风扇运转是否正常,有无故障;对防尘滤网进行尘土清理、清洗。

(3)设备无异常发热:手摸设备温度正常不烫手,这主要证明风扇及散热部分工作正常。

(4)设备机柜卫生:手摸应明显无尘,需用湿抹布将机柜前、后、左、右、顶部、内部等易结灰尘部位擦拭干净。

(5)机柜接地:机柜与接地铜排等接地体之间地线螺丝等需牢固连接,可用活动扳手检查紧固。

(6)馈线头连接:机柜顶和避雷器等处的馈头连接牢固、不变形,若出现松动、偏置等,用扳手相应调整紧固。

(7)机架馈线标识:机柜标识、馈线跳线标识应符合标准化要求。

(8)避雷器:检查避雷器是否损坏,相关线缆、螺丝连接是否松动,做相应紧固。

(9)进线孔、馈线窗:馈线窗固定良好,无灰尘,各进线孔需用防火泥封堵,达到不透光。

(10)馈线整齐无破损:从机柜顶到天线整段馈线均整齐、无破损现象,可室外部分用黑扎带、室内部分用白扎带帮扎整理。

(11)线缆接头:检查各线缆接头是否松动、锈蚀、损坏等。

(二)蓄电池

(1)整组电池清洁:对蓄电池表面、电池架进行全面清洁,并检查各连接件是否牢固。

(2)电池温度及环境温度:检查电池温度与环境温度是否过高,应小于 30 ℃,重点区别电池温度是否故障引起异常。

(3)外观检查:检查电池壳体有无渗漏和变形,若发现故障,做相应处理。

(4)极柱、安全阀检查:检查极柱是否腐蚀,安全阀周围是否有酸雾、酸液溢出。

(5)连接、单体电池检测:检查连接条及引线的连接是否松动、锈蚀,浮充状态下单体测量电压为 2.23 V。

(6)蓄电池均充、浮充值:在开关电源设置菜单内检查设置均充电压(56.4 V/双登55.2 V)、浮充 53.5 V 设置是否正确。

(三)开关电源

(1)设备表面清洁:电源设备、风扇滤网清洁无明显积尘,可用湿抹布进行擦拭,但要避免触电危险。

(2)模块散热:检查风扇运转是否正常,清理滤网灰尘,并检查有无告警情况。

(3)监控单元、整流模块:有无各种告警,检查显示功能的有效性。

(4)运行参数是否正确:检查蓄电池容量设置与容量是否一致,一次下电 46.5 V、二次下电 44.4 V,均充周期 90 d 或 180 d(双登 180 d),充电电流系数 0.1C 等是否正确。

(5)各个连接部件可靠性:检查开关、熔丝、接线端子、引线等连接接触是否松动、无缠绕。紧固时,避免扳手脱落短路。

(6)检查防雷保护:检查 C 级、D 级防雷(片),显示窗口是否正常(绿色正常、红色故障)或用万用表测量两端,导通为故障,不通为正常。

(7)检查机柜接地:分为机柜连接的保护地和直流正排连接的工作地。重点检查螺丝连接是否松动。

(四)动力环境监控

环境监控设备运行情况:检查环境监控门磁、红外、烟感、温湿、水浸等传感器工作是否正常,从电源柜提取动力数据是否正常,进行远程监控告警试验,并进行卫生清洁。

(五)交流配电箱

(1)清洁设备:检查设备门、挡板是否完整,内外无明显灰尘,重点检查市电墙洞是否用防火泥封堵严密。

(2)检测交流供电回路的主要部件:检查开关、接线端子等部件是否接触良好,接线加压线鼻不缠绕,紧固螺丝,无电蚀。各项显示灯、电流、电压表指示正常;核查开关是否满足负荷要求,附属配件是否完整。

(六)空调

(1)室外机:检查室外机安装位置是否合理,是否固定牢固,是否有必要安装防盗网,各支撑件、连接螺丝是否松动、锈蚀,室外机翅片是否有灰尘,并冲洗干净。

(2)室内机:注意清洗滤网,检查是否损坏。各类参数设置是否达到要求(制冷温度 26 ℃);在配电箱中做一次断电重启试验,检查空调自启动功能。

(七)接地系统

重点检查室内外接地铜排及各接地电缆的固定螺丝是否紧固、锈蚀,线缆是否加压线鼻,不应缠绕接地;接地电阻是否满足小于 5 Ω。各类地线、铜排是否缺失。

(八)基站环境卫生及安全

(1)检查机房周围 3 m 内无杂草,机房外观、楼面、墙体、围墙是否开裂,房顶排水顺畅、无堵塞;检查机房周围是否有地面施工、挖掘及私拉乱扯等隐患;是否遗留工程垃圾。

(2)房内卫生是否洁净、无工程余料,墙面整洁、无脱落,墙角无蜘蛛网,地板无破裂、无松动;门窗无生锈、腐蚀,密封不透光、无破损;检查馈线、电源线、空调、接地的进出墙洞是否完好,照明、插座是否正常,灭火器是否在有效期限内,气体压力是否在正常范围,环境温度在 26 ℃ 左右,湿度为(20%~80%)RH;检查电表运行、连接、运转是否正常。

(九)铁塔(四角塔、三管塔、管塔、增高架、抱杆、室外走线架)

检查各类铁塔、基座、螺栓、拉线、钢卡、地锚等金属件外观,确保无倾斜、无沉陷、无变形、无残缺、无锈蚀、无起泡、无裂缝,安装牢固、接地可靠。

(十)天馈线及避雷系统

检查天线在抱杆上固定的可靠性,保证方向正常、无松动、无倾斜;天馈线、避雷线完整无缺失,避雷接地开口、馈头、跳线部位防雨密封良好;馈线室外部分黑扎带均匀绑扎,无过度弯曲、破损、老化;入馈线窗部分回水弯正常;室内部分白扎带均匀绑扎;检查避雷线与接地铜排等是否连接牢固,接地螺丝无松动、无锈蚀、无缺失。

第十九章　室内分布及 WLAN 维护

一、定义

室内分布即移动通信无线网络室内分布系统,用来满足地下室、防空洞、大型商场、电梯间、高层楼房、大型写字楼等区域因室外基站信号被建筑结构阻挡而补充建设的移动通信信号网络,用来满足室内用户无线通信需要。室内分布现场施工如图 19-1 所示。

图 19-1　室内分布现场施工

WLAN 即无线宽带(Wireless Local Area Networks,无线局域网络),以无线连接方式代替有线网络连接,实现手机、笔记本电脑等上网终端(见图 19-2)在 WLAN 覆盖区域内随意移动上网,摆脱网线的束缚。通常用于室内,以弥补室外基站信号的不足。

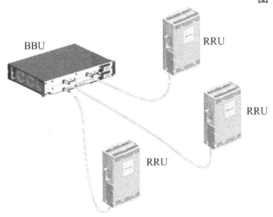

图 19-2　终端连接

室内分布与 WLAN 组网方式十分相似,都是将功率较小的射频信号天线(或 AP 无线接入点)分别通过馈线、数据线分布于各个楼层的各个角落。

二、常见问题处理

(1)无信号。表现为手机或笔记本电脑等通信终端在室内丢失信号,主要因为室内或 WLAN 设备供电断电、传输光缆业务中断、设备故障等。维护人员只需根据网管提供的设备位置信息找到信源沟通解决相应故障即可。

（2）室内分布与 WLAN 同宏基站的区别在于覆盖范围和服务受众有所区别，但故障维护处理方法、流程基本与宏基站相同，这里不再具体谈故障处理。

常见故障：室内分布系统基本是利用大楼弱电井建设，因空间所限，要求设备体型较小；又因覆盖楼层范围较大，需要采用射频拉远放置，目前普遍采用 BBU+RRU 结构。并且室内分布系统一般没有后备电源工作，停电即断站。因此，各地市纷纷采用 BBU 集中放置法，即将基带处理单元 BBU 集中放置于端局机房或运行可靠的某宏基站内，来避免室内分布断站。但远端的 RRU 因停电、传输中断产生的告警较多，成为室内分布障碍处理的重点。

第二十章　基站标准化整治

一、定义

基站标准化整治,是根据通信运营商对通信维护工作的统一标准要求而进行的专业性基站行业标准化工作。通过整治达标,能够进一步满足基站网络运行要求,促进和实现基站规范管理(见图 20-1)。

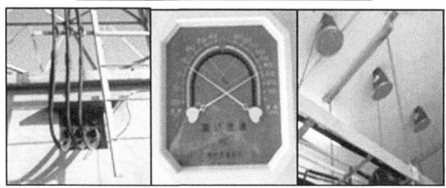

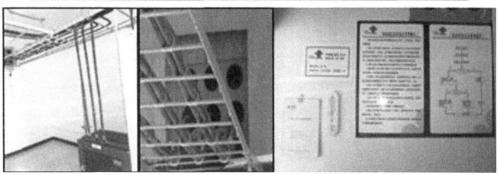

图 20-1　基站统一标准化管理内容

二、基站标准化要求及操作手册

(一)工作内容

房屋、铁塔、各类线缆、电表箱、配电箱、避雷箱、电源柜、综合配线柜、GSM900BTS、GSM1800BTS、WCDMANodeB、空调、电池组 1、电池组 2、动力环境监控、走线架、工字钢、钢板、防盗门、馈线窗、油机盒、消防、卫生工具、基站登记本、巡检本、其他设备设施的标准化工作。

(二)基站卫生

(1)基站周围杜绝任何工程施工及维护垃圾,如扎带头、胶带、线皮、铜丝、纸片、螺丝、烟头、粉尘、碎砖、水泥、沙石余料等,必须清理至垃圾箱或带走。

(2)各设备设施表面、上、下、左、右、门内、模块、板卡、滤网等各角落必须用湿抹布擦拭干净(当心短路),手摸不见明显灰尘。

(3)各馈线、跳线、交流线、直流线、地线、数据线、线槽、插座、照明开关等线缆设施必须用湿抹布擦拭干净(当心短路),手摸不见明显灰尘。

(4)外墙、房顶、内墙、屋顶、墙角、踢脚线、地面、工字钢两侧、钢板上下、门窗、窗台等不准留有垃圾、脚印、粉尘、污渍、蜘蛛网等。

(三)消防、防水安全

(1)手提、悬挂灭火器(二氧化碳灭火器):无灰尘、无缺失、无泄漏、不过期、不过压、不欠压。

(2)各设备滤网,如整流模块、BTS、空调等滤网不积尘、不拥堵、散热良好。

(3)各线缆,如交流、直流、地线,不缺皮、不裸露、不松动、不打火、不老化、不炭化。

(4)房顶:无裂缝、无积水、无渗水,无垃圾堆积,排水管道保持畅通。

(5)各墙洞线孔做到内高外低,如馈线窗、市电线孔、油机线孔、总地线孔、空调线孔、排水孔、空调螺栓孔、门框等部位必须用防火泥等材料密封,防止雨水进入。

(6)墙体、墙基、房基、地板牢固不渗水。

(7)空调排水管不积水、不断裂、不回流、排水顺畅。

(四)设备设施检查

(1)市电连接:火线、零线不松动、连接规律、不缺相、不断开。

(2)铁塔:不塌陷、不歪曲、不晃动、不下沉、无积水、无杂草、螺丝拉线不缺失、不松动、不锈蚀。

(3)房屋:周围 3 m 内无杂草、不裂缝、不塌陷、不残缺、不漏水。

(4)走线架:安装牢固不脱落、无倾斜、膨胀螺栓、螺丝紧固无松动。

(5)线缆:均匀规律绑扎固定,横平竖直不弯曲,交流、直流、数据线缆平行走线不交越,室内白扎带、室外黑扎带,入室之前必须留有半径大于20 cm的回水弯。

(6)线头线标:用彩色胶带区别,交流三相A、B、C分别为黄、绿、红;直流红+、蓝-;地线用黑胶带。

(7)连接:各线缆螺丝垫片连接必须加压线鼻;插入式连接线皮整齐割除,不露铜线。

(8)馈线窗:用防火泥封堵严密,固定牢固不透光。

(9)配电箱:各表盘指针、开关、螺丝、挡板等功能正常,重点防止上端墙洞进水短路。

(10)避雷箱电源柜:防雷片无损坏、无缺失,窗口绿色正常、红色故障,零线不带电、不亮灯。

(11)电源柜:安装牢固;监控单元、整流模块运行显示正常无告警、无故障、无缺失;参数设置正确,告警测试正常。

(12)BTS主设备:板卡运行正常无告警,空槽位有挡板,风扇运转声音正常,线缆连接整齐无松动。

(13)电池组:安装牢固不晃动,螺丝连片紧固不缺失,壳体温度正常,不鼓起、不变形、不漏液;极性正确,单体电压均匀;极柱光亮、无反应物;安全排气阀无堵塞、无酸雾溢出。

(14)空调:安装位置合理、牢固;线缆进线槽,排水管穿管,排水正常不漏水;功能、温度(26 ℃)设置正常;来电自启动功能正常,室内机滤网清洁;室外机固定牢固,散热片清洁无灰尘。

(15)动力环境监控系统:与电源柜动力数据提取正常;门禁、红外、烟感、水浸、温湿度等传感器现场测试功能正常;远程监控告警信息即时、准确。

(五)制度上墙

基站出入管理制度、消防管理流程、用电安全制度、施工维护管理流程等上墙文件齐全,各1份于空白墙壁醒目处粘贴。

(六)温湿度计和卫生工具

基站温湿度计、卫生工具(扫把、拖把、搓斗)齐全。

(七)3A标准化标识标签

(1)基站名称标签(UN-21)、警示标签(UN-21)各1份,在防盗门上居中靠上边缘并排张贴,基站负责人标签(UN-21)1份粘贴室内墙壁。

(2)UN-38设备标签各1份,包括电表箱、配电箱、避雷箱、电源柜、GSMBTS、GSMD-BTS、WCDMANodeB、综合配线柜、蓄电池1、蓄电池2、基站空调、动力环境监控、铁塔等标签居中靠上边缘粘贴。

(3)UN-22电源线标签各1式2份,包括各交流电源线,各直流+线、-线,各地线等线缆,均在设备上端30 cm处用白色扎带穿孔绑扎,做到左右水平、高度一致,线线两端见标签,不错扎、不漏线。

(4)UN-01黄色标签:"接地铜排"1份、"照明开关"1份、"单相插座"2份分别粘贴在表面。

（5）UN–02 红色馈线标签各 1 式 2 份，"1–1""1–2""2–1""2–2""3–1""3–2"在 GSM900、GSM1800 设备上端跳线 30 cm 处统一粘贴，馈线 30 cm 处统一粘贴。

（6）UN–03 蓝色馈线标签各 1 式 2 份，"1–1""1–2""2–1""2–2""3–1""3–2"在 WCDMA 设备上端跳线 30 cm 处统一粘贴，30 cm 处统一粘贴。

（7）UN–17 标签："卫生工具" 1 份、"消防器材" 1 份在放置位置墙面 50 cm 高度粘贴，消防器材放置在开门方便提取位置。

（8）Q–03F 数据线标签各 1 份，在传输、GSM900、GSM1800、WCDMANodeB、动力环境监控、干接点设备上端数据线 30 cm 处统一粘贴；数据线、线线两端见标签。

（9）P–01 空开、熔丝标签：凡在用空开熔丝均粘贴该标签。

（八）基站出入登记本填写

必须严格填写，来人姓名、工作单位、联系电话、进站日期、进站时间、离站时间、工作内容、是否完工、现场清理、批准单位、批准人员、监控确认等内容缺一不可。

（九）基站巡检登记表填写

一年 12 个月，必须月月有巡检、有登记，登记日期必须与入站登记日期一致；依据巡检内容进行严格操作，并填写检查结果，用"无告警""已清洁""牢固""正确""正常"等相应词汇，需填写数据的必须填写数据，如"26 ℃""1 Ω""–53.5 V"等。严禁填写单一词汇，严禁跨行填写，严禁空格不填写。检查出的问题可填写在备注栏内，并继续进行处理。

（十）3A 标准化基站总体效果

干净整洁、标识齐全、空气清新、安全规范。

基站 3A 标准化歌

基站 3A 赶得紧，
按照标准做认真。
门缝窗缝馈线窗，
关门关灯不见光。
馈线电线传输线，
入户要有回水弯。
阳角不缺阴角清，
地板不烂墙无坑，
设备六面和里面，
卫生打扫做到精。
各类线缆要分界，
横平竖直不交越。
制度上墙门有标，

119 标识要贴牢。
清洁工具温湿计，
消防卫生分区域。
铁塔空调防雷箱，
BTS 设备配电箱，
动力监控传输柜，
两组电池电源柜，
凡是设备都在位，
UN38 标签都要配。
空开插座交流线，
地线正负直流线，
两兆电源监控线，
线线两端见标签。
最后入站巡检本，
细细登记不能忘。
锁门之前再看看，
如不满意重新干。
胸有成竹感觉行，
3A 达标就完成。

第二十一章　维护工具的配备与使用

一、定义

基站维护工具是进行维护及故障处理操作的基本条件,是否齐全决定了基站维护工作效率的高低。基站维护工具包括各种钳工工具、工程工具、电力工具,各种仪器仪表、设备及劳动保护设施。

基站维护人员可以根据具体故障情况、时间、环境及处理内容,选择使用维护工具设施。比如:各种型号的螺丝刀、扳手,各类钳具、刀具,钉锤、钢锯、锉刀、卷尺、测电笔、万用表、电锤钻、电烙铁、焊锡丝、电池放电仪、电池内阻仪、驻波比表、光缆测试仪 OTDR、光纤熔接机、发电机、绝缘胶带、胶泥、防护手套、绝缘鞋、安全带、安全帽、绳索、工作服、照明设施、雨具等。

二、重点维护工具使用方法

(一)螺丝刀

螺丝刀(见图 21-1)根据刀口形状分为十字、一字、米字、六方等,设备的组成往往需要各种零件进行连接,螺丝是最常见的连接配件。螺丝的连接或卸载需要使用各种型号的螺丝刀。不同大小的螺丝应选用相匹配的螺丝刀,否则可能造成螺丝或螺丝刀的损坏,或者因为安装力度的不匹配造成设备的损坏。螺丝刀尽量不要当作撬杠、剔刀使用;在进行电源作业时,应将刀柄及刀颈使用胶带缠绕或热缩管包裹绝缘处理,只露刀头,充分避免触电和短路危险。

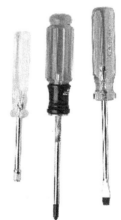

图 21-1　螺丝刀

(二)扳手

扳手如图 21-2 所示。不管使用活动扳手、呆口扳手、梅花扳手、套筒扳手或内六方扳手,都要根据螺栓型号合理使用,否则容易造成螺栓损坏,影响维护工作效率。进行电源作业同样要做好绝缘处理,根据操作空间大小控制好扳手活动范围,避免触电和短路危险。在进行电池螺丝紧固时,尽量使用套筒扳手。

(三)钳具

钳具如图 21-3 所示。老虎钳起到夹持、固定、起取、夹断作用,使用时应避免用力过猛脱滑危险;斜口钳用于剪切导线或元器件多余的引线,还常用来代替一般剪刀剪切绝缘套管、尼龙扎线卡等;尖嘴钳在狭小空间或精细作业时使用,用来剥线、夹线或拧线,一般使用力度较小;马口钳在大口径、不规则螺栓或螺母操作时使用;剥线钳用于剥离各类线缆橡胶线皮和绝缘层;各种压线钳用于各类线缆与连接件连接紧固,如制作水晶头、同轴电缆套件等。

图 21-2　扳手

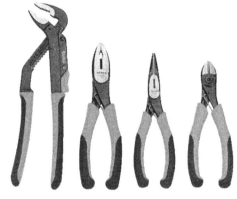

图 21-3　钳具

不管何种钳具,应尽量避免对带电线缆进行剪断操作,若确需带电作业,应做好绝缘等安全防护处理,小心谨慎逐根剪断电缆、剥离线皮,杜绝操作过程中电缆短路打火或触电危险。

(四)刀具

刀具(见图 21-4)包括壁纸刀、电工刀等,用来进行非金属材料的切割或剥离,同样要避免误操作造成相邻电缆胶皮割破、短路等情况出现。因其较为锋利,应严格避免因操作不当造成人身伤害或其他物品损坏。

图 21-4　刀具

(五)测电笔

测电笔(见图 21-5)是最常用的简易测电工具,用于辨别火线或零线,测试导线芯或导电物体是否带电。以笔尖金属接触被测物体,手指接触笔尾金属通过人体接地,笔内分别与中间的氖管灯泡两级相连,当被测物体电压达到一定程度时,氖管便产生辉光,证明被测物体带电。辉光的强弱与电压高低成正比。测电笔只测试每一个点、每一根线,笔尖应避免同时接触两根导线。尽量不要将测电笔当螺丝刀使用,以免损坏电笔,出现安全隐患。

(六)万用表

现在普遍使用数字万用表(见图21-6),用来测量交流电压、直流电压、电阻、交流电流、直流电流、导线通断、电容容量、二极管(PN结)压降、三极管放电倍数、信号频率等,数字万用表由电流表、显示器、功能(量程)旋钮、表笔组成。

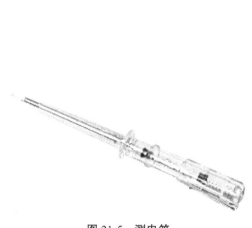

图 21-5　测电笔　　　　　　　图 21-6　数字万用表

万用表操作面板字母含义:

power:电源按钮,开关万用表电源。

hold:保持按钮,按下按钮,在表笔离开测量物体时仍保持测量值显示,按起取消。

com:公共插口,插黑色表笔。

连接测试:将红色表笔插 V/Ω 插口,功能旋钮旋转至二极管或蜂鸣挡,将两只表笔打击,数字显示 000,并且蜂鸣器发出响声,证明表针是通的,若不通则显示 1 或无穷大。

V/Ω:伏欧插口,配合 com 口测量交直流电压、电阻、二极管、三极管,插红色表笔。

测量交流电压时,旋转至交流 V~挡,分 750 V、200 V、20 V、2 V 四挡,后三挡不常用;若不知电压范围,可选择最高挡 750 V,交流电压测量不分极性,两个表针分别接触两根交流导线测量(并联)。

测量直流电压时,旋转至直流 V–挡,分 1 000 V、200 V、20 V、2 V、200 mV 五挡,若不知电压范围,可选择最高挡 1 000 V,红表笔接触+导线、黑表笔接触–导线测量(并联)。

测量电阻时,旋转至 Ω 挡,分 200 MΩ、20 MΩ、2 MΩ、20 kΩ、2 kΩ 五挡,拨在适当挡位,两只表笔分别连接电阻两端测量。

二极管测量时,旋转至 > Ι 二极管图标,红表笔接二极管的正极,黑表笔接负极,会显示二极管的正向压降,肖特基二极管的压降在 0.2 V 左右,普通硅整流管在 0.7 V 左右,发光二极管为 1.8~2.3 V。调换表笔,显示 1 则为正常,因为单向导通,反向电阻很大,否则此管已击穿。

三极管测量,原理同二极管。先假定 A 脚为基极,黑笔与该脚相连,红笔分别接触其他两脚,若两次读数均为 0.7 V 左右,然后用红笔接 A 脚,黑笔接其他两脚,若均显示 1,则

A 脚为基极,否则需要重新测量,且此管为 PNP 结。集电极和发射极可以利用"hFE"挡来判断,将挡位打到"hFE",可以看到挡位旁有一排小插孔,分为 PNP 和 NPN 管的测量。前面已经判断出管型,将基极插入对应管型 b 孔,其余两脚分别插入 c、e 孔读取 β 值;再固定基极,其余两脚对调,比较两次读数,读数较大的管脚位置与表面 c、e 相对应。

μA/mA:电流微安/毫安插口,测电流微安/毫安,插红色表笔(与被测物体串联测量)。

测量交流电流时,旋转至 A~挡,分 20 A、200 mA、2 mA 三挡。

测量直流电流时,旋转至 A-挡,分 20 A、200 mA、20 mA、2 mA、20 μA 五挡。测直流电流时红笔接直流+极导线,负载接-极导线,黑笔接负载另一端,实现万用表与负载串联连接。

A:电流安插口,当被测电流大于 200 mA 时,应将红表针插在此插口。

电流测试完毕,应将红表针插回 V/Ω 插孔,若忘记这一步而直接测电压,万用表或电源会报废。基站维护常用来测量交流、直流电压或设备电阻,不常测量电流,测量电流时一定要注意测试方法。无论测量交流还是直流,手指都不要接触表针,以免触电或影响测量精度。

(七)电烙铁

电烙铁(见图 21-7)常用于 2M 线头或其他元器件的焊接和熔锡。基站维护中的焊接操作较简单,但要熟练,烙铁头应经常保持一定的焊锡,便于下次使用加热快速熔化,焊接后应不产生虚焊、脱焊、搭锡、挂锡、毛刺,应不烫伤绝缘层、电路板和元器件。要经常练习,熟练刮脚、蘸锡、搪锡,要充分运用松香,会使焊接可靠、美观。烙铁不能随意乱放,要拔下电源后冷却完毕再收存,中间人员不能离开,坚决避免烫伤物品、设备、桌面和身体,避免发生火灾。有时想象和规律不一致,小功率烙铁因为热量不够,焊的时间长反而烫坏焊接物,而功率稍大些,热量充足,一会儿就焊好了,焊点接收热量小不会损坏。

图 21-7 电烙铁

(八)电池放电仪

电池放电仪(见图 21-8)常见形式为智能放电负载,实际就是带有参数设置和控制功能的发热负载,在放电过程中时刻监控显示单体蓄电池的电压变化,得出电池组能力和故障电池单体,指导电池的维修、优化或更换。放电前,一定要确保基站交流供电正常,有另一组电池在网备份;测试电池组要脱离开关电源,正接正、负接负与放电仪连接。放电仪出风口要保持充分通风空间。

图 21-8　电池放电仪

(九)电池内阻仪

电池内阻仪(见图 21-9)是用于测量电池内部阻抗和电池酸化薄膜破损程度的仪器。内阻阻值越小,电池的性能越好。内阻测试仪测量每块电池只需数秒,是速度快且可靠性高的一种好方法。

电池内阻仪测量蓄电池内阻采用交流注入或直流测量两种方法。

交流注入:测量时对单体电池施加 1 kHz 交流信号,通过测量其交流压降而获得其内阻。

直流测量:对电池进行极短暂的恒流放电,放电时间大约为 2.5 s。通过高速的采集手段对电池表现出来的欧姆特性进行测量计算,并得到其内阻值。

内阻值(R_i)的单位是 mΩ,正常 500 Ah 蓄电池内阻在 0.5 mΩ 左右,若内阻达到几毫欧则证明该电池较落后。在一个基站两组 48 块电池的测量中,很容易比较出每一块电池的性能,也可根据电池厂家提供的内阻标准确定蓄电池的优劣。

电导率的单位是西门子(S),电导与电阻成反比,1 mΩ 的内阻相当于 1 000 S。国内很少有用电导来表示电池的导电性能的。一般都是用电阻,因为电导受更多的因素制约而且不好测量。

图 21-9　电池内阻仪

(十)驻波比表

驻波比表即驻波比测试仪(见图 21-10),是用于测量馈线驻波比的仪表,一般接在主设备顶端对天馈系统连接进行测试。

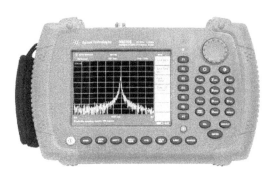

图 21-10　驻波比测试仪

驻波比全称为电压驻波比,即 VSWR 或 SWR,Voltage Standing Wave Ratio 的简写。天线与馈线的阻抗不匹配或天线与主设备的阻抗不匹配,高频能量就会产生反射折回,并与前进的部分干扰汇合发生驻波。为了表征和测量天线系统中的驻波特性,也就是天线中正向波与反射波的情况,人们建立了"驻波比"这一概念。驻波比就是一个数值,如果 SWR 的值等于 1,则表示发射传输给天线的电波没有任何反射,全部发射出去,这是最理想的情况。如果 SWR 值大于 1,则表示有一部分电波被反射回来,最终变成热量,使得馈线升温。被反射的电波在发射台输出口也可产生相当高的电压,有可能损坏主设备。

驻波比 $\qquad$ $\mathrm{SWR} = R/r = (1 + |K|)/(1 - |K|)$

反射系数 $\qquad$ $K = (R - r)/(R + r)$

(K 为负值时表明相位相反)

式中,R 和 r 分别是输出阻抗和输入阻抗。当两个阻抗数值一样时,即达到完全匹配,反射系数 K 等于 0,驻波比为 1。这是一种理想的状况,实际上总存在反射,所以驻波比总是大于 1 的,一般电压驻波比要小于 1.4。

处理驻波故障的方法如下。

1.BIRD 驻波比测试仪自校准

注:每次开机后都要自校准,自校准前测试仪要预热几分钟。

(1)按仪器右上角的开机键,自检过后进入主菜单屏幕。在 Measure Match 模式中,按 Config 键进入设置菜单后,按 Freq 对应的按键即可设置起始、截止频率值,按 Enter 键确认。注意正确选择频率范围:GSM900 为 890～960 MHz,GSM1800 为 1 710～1 880 MHz,CDMA 为 825～880 MHz。

(2)确定校准频率范围后,按 Calibrate 键进入校准模式。

①依次连接开路器、短路器和负载到测试口,分别按下"Open""Short""Load"对应的按键。在每次选择后,屏幕上出现"done"信息时才能进行下一项校准。

②三项校准完成之后,按 Cal Done 对应的按键结束本次校准。

2.BIRD 驻波比测试仪的测试

(1)将被测试天馈系统的跳线头连接到自校准好的 BIRD 驻波比测试仪的测试口,观察所显示的波形。

(2)按 Mode 键进入模式菜单后,可按 Measure Match 对应的按键进入 Measure Match

模式进行全频带测量。

（3）在 Measure Match 模式下，按 Marker 键进入标记菜单。按任一标记所对应的按键激活该标记，即可按左右选择键得到对应于该标记参数的驻波比测量值，也可按上下选择键得到整个频率范围内驻波比的最大值和最小值。

（4）在 Measure Match 模式下，按 Save/Recall 标记所对应的按键激活该标记，即可保存/读取驻波比测量任务。

（5）在 Measure Match 模式下，按 Auto Scale 标记所对应的按键，可自动调整 VSWR 坐标轴的范围。

（6）在 Measure Match 模式下，按 Print 标记所对应的按键可打印当前驻波比测量任务，此时测试仪要连接 HP Desk Jet 340 打印机。

（7）按 Mode 键进入模式菜单后，可按 Fault Location 对应的按键进入 Fault Location 模式进行故障点定位。

3.Sitemaster S331D 驻波比表使用

1）开机并设定操作语言

操作步骤如下（见图 21-11）：

（1）按显示屏幕下方的 Mode 键。

（2）用上下箭头键（曲线设置和数据输入键区，面板右方）选择屏幕上显示的频率-驻波比，按 Enter 键（曲线设置和数据输入键区，面板右方）。

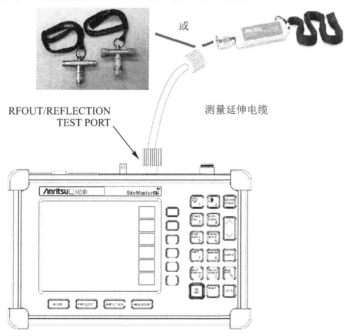

图 21-11　S331D 驻波比表使用操作步骤

按 Freq/Dist 键（测试状态设置键区，显示屏幕下方）。然后按软菜单键选择 F1，按数字键（曲线设置和数据输入键区，面板右方），并根据测量要求输入测量起始频率，以 MHz

为单位,以 Enter 键结束。选择 F2,并根据测量要求输入测量终止频率。

按 Start Cal 键(数字 3 键,曲线设置和数据输入键区,面板右方),并按照屏幕上的操作提示,依次将校准件上的 Open/Short/Load 连接到延伸电缆的端口上,每次以 Enter 结束(如果使用自动校准件,则只需要连接一次并按 Enter 键)。直到屏幕右上角出现 Cal On 字样。

将校准件取下,将测量延伸电缆的端口连接到被测天馈线的端口上,按 Auto Scale 键(数字 4 键,曲线设置和数据输入键区,面板右方),得到测量曲线。

需要标记测量曲线上的某些关键数据点,按 Marker 键(数字 8 键,曲线设置和数据输入键区,面板右方),再按软菜单键选择 M1(或 Mn)。继续按软菜单键选择"编辑"。可以直接键入需要读出的频率点,或者使用上下箭头键,移动光标位置,以 Enter 键结束。光标读数在显示屏幕靠下的位置。

若需要存储测量曲线,按 Save Display 键(数字 9 键,曲线设置和数据输入键区,面板右方),按两次选定的软菜单键选择字母,重复直到完成文件名称输入,按 Enter 键结束。

2)频率扫描回波损耗测量和电缆损耗测量

操作步骤如下(见图 21-12):

按 Mode 键(测试状态设置键区,显示屏幕下方),用上下箭头键(曲线设置和数据输入键区,面板右方)选择屏幕上显示的频率-回波损耗,按 Enter 键(曲线设置和数据输入键区,面板右方)。

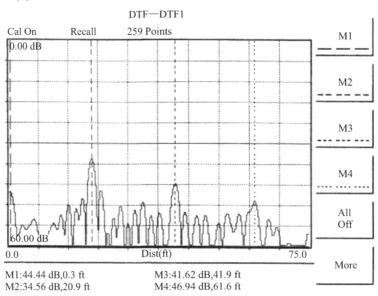

图 21-12　测试测量衰减表

以下步骤与频率扫描驻波比测量步骤(3)~(5)相同。

3)故障定位测量(包括故障定位-驻波比测量和故障定位-回波损耗测量)

操作步骤(以大反射点,即曲线较高的位置为可能故障点)如下:

（1）按 Mode 键（测试状态设置键区，显示屏幕下方）。

（2）按上下箭头键（曲线设置和数据输入键区，面板右方）选择屏幕上显示的故障定位-驻波比（或者故障定位-回波损耗），按 Enter 键。

按 Freq/Dist 键（测试状态设置键区，显示屏幕下方），按软菜单键选择 D1，键入需要测量的起始位置，选择 D2 键入需要测量的终止位置。按软菜单键，如果需要可以选择 DTF 帮助，使用上下箭头键选择需要设定的参数，例如，电缆的损耗等（可以选择电缆型号设定）。

与频率扫描驻波比测量步骤(4)以下步骤相同。

4.Sitemaster 软件工具的使用（见图 21-13）

图 21-13　Sitemaster 软件工具的使用

（1）将随机附赠的 ANRITSU HANDHELD SOFTWARE TOOLS 光盘安装到 PC 中。

（2）在 PC 中运行该软件。

（3）将 Sitemaster 与 PC 用交串口线（随机附赠）连接。选择 Setting 菜单下拉，选择 Communication。

（4）设定 PC 的通信端口为 COM1 口（推荐）或其他端口。设定通信波特率（推荐 9600），见图 21-14。

图 21-14　软件工具的使用

（5）选择 Capture 菜单下拉，选择 Capture to Screen 菜单。在跳出的窗口中选择现在 Sitemaster 中已经存储并需要下载到 PC 的测量曲线（曲线以测量存储时间排序），并下载。如果需要将曲线粘贴到其他文件中，例如 Word 文件，可以在 Edit 菜单中选择 Copy，然后在其他文件中选择 Paste 即可。

(十一)OTDR 仪表的使用

1.OTDR 相关参数

人工设置测量参数包括以下几个：

(1)波长选择(λ)。因不同的波长对应不同的光线特性(包括衰减、微弯等)，测试波长一般遵循与系统传输通信波长相对应的原则，即系统开放 1 550 nm 波长，则测试波长为 1 550 nm。

(2)脉宽(Pulse Width)。脉宽越长，动态测量范围越大，测量距离更长，但在 OTDR 曲线波形中产生的盲区更大；短脉冲注入光平低，但可减小盲区。脉宽周期通常以 ns 来表示。

(3)测量范围(Range)。OTDR 测量范围是指 OTDR 获取数据取样的最大距离，此参数的选择决定了取样分辨率的大小。最佳测量范围为待测光纤长度 1.5~2 倍距离。

(4)平均时间。由于后向散射光信号极其微弱，一般采用统计平均的方法来提高信噪比，平均时间越长，信噪比越高。例如，3 min 的获得值将比 1 min 的获得值提高 0.8 dB 的动态。但超过 10 min 的获得值时间对信噪比的改善并不大。一般平均时间不超过 3 min。

(5)光纤参数。光纤参数的设置包括折射率和后向散射系数的设置。折射率参数与距离测量有关，后向散射系数则影响反射与回波损耗的测量结果。这两个参数通常由光纤生产厂家给出。

参数设置好后，OTDR 即可发送光脉冲并接收由光纤链路散射和反射回来的光，对光电探测器的输出取样，得到 OTDR 曲线，对曲线进行分析即可了解光纤质量。

2.经验与技巧

(1)光纤质量的简单判别。正常情况下，OTDR 测试的光纤曲线主体(单盘或几盘光缆)斜率基本一致，若某一段斜率较大，则表明此段衰减较大；若曲线主体为不规则形状，斜率起伏较大，弯曲或呈弧状，则表明光纤质量严重劣化，不符合通信要求。

(2)波长的选择和单双向测试。1 550 nm 波长测试距离更远，1 550 nm 比 1 310 nm 光纤对弯曲更敏感，1 550 nm 比 1 310 nm 单位长度衰减更小，1 310 nm 比 1 550 nm 测的熔接或连接器损耗更高。在实际的光缆维护工作中，一般对两种波长都进行测试、比较。对于正增益现象和超过距离线路均须进行双向测试分析计算，才能获得良好的测试结论。

(3)接头清洁。光纤活接头接入 OTDR 前，必须认真清洗，包括 OTDR 的输出接头和被测活接头，否则插入损耗太大、测量不可靠、曲线多噪声甚至使测量不能进行，它还可能损坏 OTDR。避免用酒精以外的其他清洗剂或折射率匹配液，因为它们可使光纤连接器内黏合剂溶解。

(4)折射率与散射系数的校正。就光纤长度测量而言，折射系数每 0.01 的偏差会引起 7 m/km 之多的误差，对于较长的光纤段，应采用光缆制造商提供的折射率值。

(5)鬼影的识别与处理。在 OTDR 曲线上的尖峰有时是由于离入射端较近且强的反射引起的回音，这种尖峰被称为鬼影。识别鬼影：曲线上鬼影处未引起明显损耗；沿曲线鬼影与始端的距离是强反射事件与始端距离的倍数，呈对称状。消除鬼影：选择短脉冲宽度、在强反射前端(如 OTDR 输出端)中增加衰减。若引起鬼影的事件位于光纤终结,可"打小弯"以衰减反射回始端的光。

(6)正增益现象处理。在 OTDR 曲线上可能会产生正增益现象。正增益是由于在熔接点之后的光纤比熔接点之前的光纤产生更多的后向散光而形成的。事实上,光纤在这一熔接点上是熔接损耗的。常出现在不同模场直径或不同后向散射系数的光纤的熔接过程中。因此,需要在两个方向测量并对结果取平均作为该熔接损耗。在实际的光缆维护中,也可采用≤0.08 dB 即为合格的简单原则。

(7)附加光纤的使用。附加光纤是一段用于连接 OTDR 与待测光纤、长 300~2 000 m 的光纤,其主要作用为前端盲区处理和终端连接器插入测量。

一般来说,OTDR 与待测光纤间的连接器引起的盲区最大。在光纤实际测量中,在 OTDR 与待测光纤间加接一段过渡光纤,使前端盲区落在过渡光纤内,而待测光纤始端落在 OTDR 曲线的线性稳定区。光纤系统始端连接器插入损耗可通过 OTDR 加一段过渡光纤来测量。如要测量首、尾两端连接器的插入损耗,可在每端都加一段过渡光纤。

3.测试误差的主要因素

(1)OTDR 测试仪表存在的固有偏差。由 OTDR 的测试原理可知,它是按一定的周期向被测光纤发送光脉冲,再按一定的速率将来自光纤的背向散射信号抽样、量化、编码后,存储并显示出来。OTDR 仪表本身由于抽样间隔而存在误差,这种固有偏差主要反映在距离分辨率上。OTDR 的距离分辨率正比于抽样频率。

(2)测试仪表操作不当。在光缆故障定位测试时,OTDR 仪表使用的正确性与障碍测试的准确性直接相关,仪表参数设定和准确性、仪表量程范围的选择不当或光标设置不准等都将导致测试结果的误差。

(3)设定仪表的折射率偏差。OTDR 不同类型和厂家的光纤的折射率是不同的。使用 OTDR 测试光纤长度时,必须先进行仪表参数设定,折射率的设定就是其中之一。当几段光缆的折射率不同时,可采用分段设置的方法,以减少因折射率设置偏差而造成的测试误差。

(4)量程范围选择不当。OTDR 仪表测试距离分辨率为 1 m 时,它是指图形放大到水平刻度为 25 m/格时才能实现。仪表设计是以光标每移动 25 步为 1 满格。在这种情况下,光标每移动一步,即表示移动 1 m 的距离,所以读出分辨率为 1 m。如果水平刻度选择 2 km/格,则光标每移动一步,距离就会偏移 80 m。由此可见,测试时选择的量程范围越大,测试结果的误差就越大。

(5)脉冲宽度选择不当。在脉冲幅度相同的条件下,脉冲宽度越大,脉冲能量就越大,此时 OTDR 的动态范围也越大,相应盲区也越大。

(6)平均化处理时间选择不当。OTDR 测试曲线是将每次输出脉冲后的反射信号采样,并把多次采样做平均处理以消除一些随机事件,平均化时间越长,噪声电平越接近最小值,动态范围就越大。平均化时间越长,测试精度越高,但达到一定程度时精度不再提高。为了提高测试速度,缩短整体测试时间,一般测试时间可在 0.5~3 min 内选择。

(7)光标位置放置不当。光纤活动连接器、机械接头和光纤中的断裂都会引起损耗和反射,光纤末端的破裂断面由于末端断面的不规则性会产生各种菲涅耳反射峰或者不产生菲涅耳反射。如果光标设置不够准确,也会产生一定误差。

4.OTDR 仪表操作

按设备顶部的红色按钮启动机器。

进入系统后选择 F3 进入专家模式。

在图 21-15 的右边面板有三个按钮:"km""Ω""λ"。

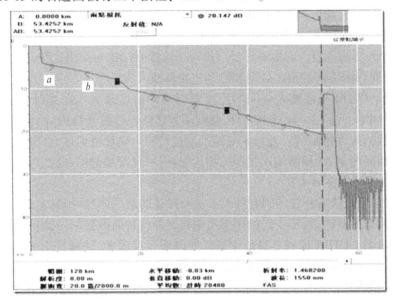

图 21-15　OTDR 曲线波形表

km:作用是选择需要测试的距离,一般选择实际距离的 2 倍,在设备屏幕右边出现 16 km/8 m 的字样,这个表示距离 16 km 每 8 m 采集一个数据。

Ω:选好距离和采样距离后选择,这个表示脉宽,脉宽越长,动态测量范围越大,测量距离更长,但在 OTDR 曲线波形中产生的盲区更大;短脉冲注入光平低,但可减小盲区。一般 50 km 以下选择 2 500 ns 和 5 000 ns,50 km 以上选择 10 000 ns 和 20 000 ns。

λ:波长,这个切换两种波长 1 310 nm 和 1 550 nm,一般 50 km 以下选择 1 310 nm,50 km 以上选择 1 550 nm。

选好以上选项后连接好光纤,这里光纤选择对端收光的一端,否则数据会不正常。按下设备右边面板上的红色按钮(TEST/STOP)开始测试,测试 1～2 min 即可。按(A/B SET)选定游标 A,转动旋钮,将游标 A 移动到过渡光纤尾端接头反射峰后的线性区起始点,然后按(A/B SET)选定游标 B,转动旋钮,将游标 B 移动到被测光纤的尾端反射峰前。这是测试完成后出现的表,在这个表中,A 端在 0 起始线,B 端是那条虚线,可以看到 AB 两点间相距 53.425 2 km。在虚线旁有个高峰后落下,这表示光纤已经到了设备或终端。在图 21-15 中,a 点、b 点为熔接点,OTDR 测试的光线曲线斜率基本一致,若某一段斜率较大,则表明此段衰减较大,b 点为正常情况,a 点有上升的情况,这是在熔接点之后的光纤比熔接点之前的光纤产生更多的后向散光而形成的。

如果出现 Π 这个图标或一个高峰后线没有落到底处,表示这是个跳接。在图 21-15

中间上方 20.147 dB,这表示这条线路的衰减值。

(十二)熔接机

光纤接续遵循的原则是:芯数相等时,相同束管内的对应色光纤对接;芯数不同时,按顺序先接芯数大的,再接芯数小的。

光缆识别:当熔接层绞式光缆时,正对光缆横截面,把红束管看成是第一束管,顺时针依次为白一、白二、白三……最后一束为绿管。

色谱:蓝、橙、绿、棕、灰、白、黑、红、黄、紫、粉红、青绿。

基本操作步骤如下:

(1)开剥光缆,并将光缆固定在接续盒内。

一般开剥 1 m 左右,ODF 等配线设备开剥长度在 2 m 左右(或根据安装指南开剥)。开剥时,注意保护子管。

固定光缆要结实,不可扭动。加强芯的固定,要有防雷措施,电气连接根据施工规范决定是否连接。

(2)开剥子管。裸光纤用酒精擦拭干净,分别将裸光纤穿过热缩管。

将不同束管、不同颜色的光纤分开。穿过热缩管。

(3)打开熔接机电源,选择相对应的熔接程序。

每次使用熔接机前,应使熔接机在熔接环境中放置至少 15 min,并在使用中和使用后及时去除熔接机中的灰尘,特别是夹具、各镜面槽内的粉尘和光纤碎末。

(4)制作光纤端面。光纤端面制作的好坏将直接影响接续质量,在熔接前,一定要做好合格的端面。

对 0.25 mm(外涂层)光纤,切割长度为 8~16 mm;对 0.9 mm(外涂层)光纤,切割长度只能是 16 mm。

使用涂敷层剥离钳时,倾斜 45°,平行剥离,使用无水乙醇擦拭干净,听到"嘶嘶"声音表示干净。

切割光纤时,保证切割刀的清洁,切割好后,注意防尘和禁止碰到其他任何物体。

放置光纤,将光纤放在熔接机的 V 形槽中,小心压上光纤压板和光纤夹具。要根据光纤切割长度设置光纤在压板中的合适位置,裸纤头离电极 1 mm 为宜。当遇到弯曲光纤时,弯曲方向应向上。放置完毕,关上防风罩。

(5)接续光纤。

按下 SET 键后,光纤相向移动,移动过程中,进行预加热放电使端面软化,由于表面张力,光纤表面变圆,进一步对准中心,并移动光纤。

当光纤端面之间的间隙合适后,熔接机停止相向移动,设定初始间隙,熔接机测量,并显示切割角度。

在初始间隙设定完成后,开始执行纤芯或包层对准,然后熔接机减小间隙,高压放电产生的电弧将两根光纤熔接在一起,最后由微处理器估算损耗,并将数值显示在显示器上。

整个过程,FSM-50S 时间一般为 10 s。

（6）移出光纤用加热炉加热热缩管。

打开防风罩，把光纤从熔接机上取出，再将热缩管放在裸纤中心，放到加热炉中加热，完毕后从加热炉中加热，完毕后从加热器中取出光纤，冷却等待。

（7）盘纤并固定。将接续好的光纤盘到光纤收容盘上，在盘纤时，盘纤的半径越大，弧度越大，损耗越小，所以一定要保持好一定的半径。

（8）密封和挂起。室外接续盒一定要密封好，防止进水。

（十三）发电机

见第二章"油机发电与保养"。

第二十二章　安全防护

一、定义

安全防护贯穿于一切生产生活过程中,基站维护工作包括人身安全、设备安全,健全作业安全培训,提高安全防范意识,完善人员持证上岗,强化安全防护设施以及科学的安全防护运用,是基站外包维护工作顺利开展的一项重要保障。

安全防护设施:基站维护安全防护设施有很多也是维护工具,比如测电笔、万用表、绝缘手套、防滑手套、绝缘鞋、防滑鞋、安全带、安全帽、工作服、照明灯具、雨衣、胶鞋、雨伞、帐篷等,还有反光背心、救生衣、反光锥、警戒线、警报器等警示标识设施。

二、安全培训

移动通信基站维护工作内容的复杂性对维护人员的综合能力提出了更高要求,代维单位除了做好基站维护技能的培训,还要做好基站维护安全的培训。学会基站防火、防水、防盗、防鼠咬、防雷击技能;学会使用劳动保护设施,学会使用灭火器,学会使用测量工具,学会使用发电机等,比如发电机加入燃油时严禁吸烟等。通过方方面面的培训保证基站维护工作安全、健康、顺利、高效进行。

三、重点安全防护设施的使用

(1)绝缘手套、绝缘鞋(见图 22-1)。在电源作业中,绝缘手套能够避免意外触电的发生,能有效保护人身安全以及带来的设备运行安全。但绝缘手套不见得绝对绝缘,有被电缆纤芯、金属毛刺刺穿的可能,因此带上绝缘手套也要避免直接接触电源,仍需小心处理电源作业。绝缘鞋同样道理。

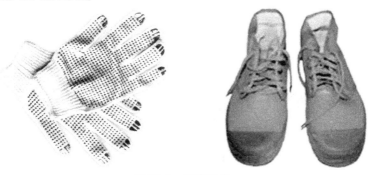

图 22-1　绝缘设施

（2）防滑手套、防滑鞋（见图22-2）。防滑手套具有防滑、耐磨、保暖作用，攀爬、拖拽等动作能避免双手不能抓紧、划伤、摩擦伤等，还能防止手掌接触冰冻金属发生黏连的伤害。但手套本身会影响触觉。防滑鞋同样道理。

（3）安全带、安全帽（见图22-3）、绳索、工作服。这是高空作业和防高空坠落、坠物的基本安全装备。登高塔人员必须经过专业培训、购买有人身保险，并具有登高资质方可登高；必须正确佩戴合适的安全带，正确使用安全挂钩，在无坠落隐患的前提下再行作业。安全帽能防止落物撞击头部，防止头部撞击、挂伤。绳索是在作业过程中拖拽天线、馈线及各种配件上塔的必要工具，必须正确固定、正确绑扎上塔物品，并注意绳索耐用强度，坚决避免高空坠落物品。维护人员统一穿着一套合适的工作服既有利于安全作业，也是统一形象、规范管理、反映企业专业素质的重要标志。

图22-2　防滑鞋

图22-3　安全帽

（4）风雨雷电等天气是基站故障的高发期，也是基站维护的关键防护范围。基站维护单位要配备完善的防雨设施（见图22-4），保障基站故障抢修、应急发电等工作执行效率，保证维护人员连续应对突发状况的能力。

（5）反光背心、救生衣、反光锥、警戒线、警报器等是基站或线路专业人员夜间作业、汛期作业、公路作业、集中人群作业等不同作业环境下应具有的提醒、警示、隔离安全设施（见图22-5）。维护单位应切实做到对通信运营商网络资产负责、对社会环境秩序负责、对员工及人民群众生命财产负责。

图22-4　防雨设施

图22-5　安全设施

第二十三章　基站维护报告的编制

一、基站维护报告工作

基站维护报告工作是基站维护工作的总结,通过总结能够反映出维护工作的状况,能看到成绩和不足;能发现问题、分析问题、解决问题,促进维护质量的进一步提升;能处理重点工作与日常工作的关系,做到有的放矢;能更加明确下一步工作的计划目标和发展方向;能增进代维单位与通信运营商公司的相互了解和信任。

基站维护工作报告内容应真实、准确,分析应透彻、清晰,观点应客观、公正,建议应实际、可行,计划应科学、有效。

二、维护考核工作

通信运营商基站维护业务,需要每月进行维护质量综合打分考核工作,根据考核标准及考核结果,进行相应的考核;考核成绩是维护单位工作成绩的体现,维护单位和地市通信运营商应对维护质量与考核结果共同负责。管理考核单位和维护作业单位应本着"预防为主,防抢结合"的原则,共同促进通信运营商网络更健壮、更稳定、更可靠,使基站维护工作向更规范、更高效、更健康的方向发展。

参 考 文 献

［1］董兵,赖熊辉.5G 基站工程与设备维护［M］.北京:北京邮电大学出版社,2020.

［2］魏红,黄慧根.移动基站设备与维护［M］.北京:人民邮电出版社,2009.

［3］黄一平.TD-SCDMA 基站运行与维护［M］.北京:科学出版社,2010.

［4］龚猷龙,徐栋梁,5G 基站建设与维护［M］.北京:冶金工业出版社,2021.

［5］姚伟.4G 基站建设与维护［M］.北京:机械工业出版社,2015.

［6］韦泽训,董莉.GSM WCDMA 基站管理与维护［M］.北京:人民邮电出版社,2011.

附　录　部分射频、光纤及网络知识名词释义

一、射频知识

功率/电平(dBm):放大器的输出能力,一般单位为 W、mW、dBm。

注:dBm 是取 1 mW 作基准值,以分贝表示的绝对功率电平。换算公式如下:

1 电平(dBm)= 10 lg 功率(mW)/1(mW)

5 W ⟶ 10 lg5 000 = 37 dBm

10 W ⟶ 10 lg10 000 = 40 dBm

20 W ⟶ 10 lg20 000 = 43 dBm

从以上不难看出,功率每增加 1 倍,电平值增加 3 dB。

增益(dB):放大倍数,单位可表示为分贝(dB),即 dB = 10 lg$A$(A 为功率放大倍数)。

插损:当某一器件或部件接入传输电路后所增加的衰减,单位用 dB 表示。

选择性:衡量工作频带内的增益及带外辐射的抑制能力。-3 dB 带宽即增益下降 3 dB 时的带宽,-40 dB、-60 dB 同理。

驻波比(回波损耗):行驻波状态时,波腹电压与波节电压之比(VSWR)。

驻波比-回波损耗对照表

SWR	1.2	1.25	1.30	1.35	1.40	1.50
回波损耗	21	19	17.6	16.6	15.6	14.0

三阶交调:若存在两个正弦信号 ω_1 和 ω_2,由于非线性作用将产生许多互调分量,其中 $2\omega_1-\omega_2$ 和 $2\omega_2-\omega_1$ 两个频率分量称为三阶交调分量。

其功率 P_3 和信号 ω_1 或 ω_2 的功率之比称为三阶交调系数 M_3,即 $M_3 = 10 \lg P_3/P_1$(dBm)。

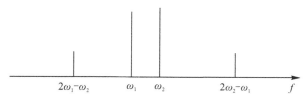

噪声系数:指电路噪声恶化程度,一般定义为输出信噪与输入信噪的比值,实际使用中化为分贝来计算,单位为 dB。

耦合度:耦合端口与输入端口的功率比,单位用 dB。

隔离度:本振或信号泄露到其他端口的功率与原有功率之比,单位为 dB。

天线增益(dB):指天线将发射功率往某一指定方向集中辐射的能力。一般把天线的最大辐射方向上的场强 E 与理想多向同性天线均匀辐射场场强 E_0 相比,以功率密度增加的倍数定义为增益。

$$G_a = E^2/E_0^2$$

天线方向图:就是天线辐射出的电磁波在自由空间存在的范围。方向图宽度一般是指主瓣宽度,即从最大值下降一半时两点所张的夹角。

E 面方向图指与电场平行的平面内辐射方向图,H 面方向图指与磁场平行的平面内辐射方向图。一般是方向图越宽,增益越低;方向图越窄,增益越高。

天线前后比:指最大正向增益与最大反向增益之比,用分贝(dB)表示。

单工:亦称单工制,即收发使用同一频率,由于接收和发送使用同一个频率,所以收发不能同时进行,称为单工。

双工:亦称异频双工制,即收发使用两个频率,任何一方在发话的同时都能收到对方的讲话。

单工、双工都属于移动通信的工作方式。

二、射频器件知识

放大器:用以实现信号放大的电路。

滤波器:通过有用频率信号抑制无用频率信号的部件或设备。

衰减器:由电阻元件组成的,其主要用途是调整电路中信号大小、改善阻抗匹配。

功分器:进行功率分配的器件。有二、三、四……功分器;接头类型分 N 头(50 Ω)、SMA 头(50 Ω)和 F 头(75 Ω)三种,常用的是 N 头和 SMA 头。

耦合器:从主干通道中提取出部分信号的器件。按耦合度大小分为 5 dB、10 dB、15 dB、20 dB 等不同规格;从基站提取信号可用大功率耦合器(300 W),其耦合度可从 60~65 dB 中选用;耦合器的接头多采用 N 头。

负载:终端在某一电路(如放大器)或电器输出端口,接收电功率的元/器件、部件或装置统称为负载。对负载最基本的要求是阻抗匹配和所能承受的功率。

转接头:把不同类型的传输线连接在一起的装置。

馈线:是传输高频电流的传输线。

天线(antenna):是将高频电流或波导形式的能量变换成电磁波并向规定方向发射出或把来自一定方向的电磁波还原为高频电流的一种设备。

三、光纤知识

光功率:衡量光信号的大小,可用光功率计直接测量测试,常用 dBm 表示。

光电模块:主要由光发送机和光接收机组成,功能是将要传送的电信号及时、准确地变成光信号并输入光纤中进行传播(光发送机)。在接收端再把光信号及时、准确地恢复再现成原来的电信号(光接收机)。由于通信是双向的,所以光端机同时完成电/光(E/

O)和光/电(O/E)转换。

激光器:把电信号转换为光信号,用在光发射机中,主要指标是能够发出的光功率的大小。

光接收器:把光信号转换为电信号,用在光接收机中,主要指标是接收灵敏度。

光耦合器:光耦合是表示有源的或无源的或有源与无源光学器件之间的一种光的联系。联系形式多种:光的通道,光功率的积聚与分配,不同波长光的合波与分波,以及光的转换和转移等,能实现光的这种联系的器件称为光耦合器。

光衰减器:就是在光信息传输过程中对光功率进行预定量的光衰减的器件。按衰减值分为 3 dB、5 dB、10 dB、15 dB、20 dB 5 种,根据实际需要选用。

光法兰头:光法兰头又称为光纤连接器,是实现两根光纤连接的器件。

光纤:传输光信号的光导纤维,有多模光纤和单模光纤两大类。光纤材料是玻璃芯/玻璃层,多模光纤的标准工作波长为 850/1 310 nm,单模光纤的标准工作波长为 1 310/1 550 nm,衰减常数为:

工作波长/nm		850	1 310	1 550
衰减常数/ (dB/km)	单模光纤(A 级)	—	≤0.35	≤0.25
	多模光纤	3~3.5	0.6~2.0	—

光缆:由若干根光纤组成,加有护套及外护层和加强构件,具有较强的机械性能和防护性能。种类有室外光缆、室内光缆、软光缆、设备内光缆、海底光缆、特种光缆等。

尾纤:一端带有光纤连接器的单芯光缆。

四、网络知识

基站(BS):又称无线基地站/基地站,是一套为无线小区(通常是一个全向或三个扇形小区)服务的设备。基站在呼叫处理过程中处于主导地位,呼叫处理过程包括三个主要内容:①在控制信道中对联通台的控制,提供系统参数常用信息;②对联通台入网提供支持;③在话音信道中对联通台加以控制。

直放站:同频双向放大的中继站,又称同频中继器,传输方式是透明传输。功能是接收和转发基站与移动台之间的信号。

微蜂窝:用正六边形无线小区(又称蜂窝小区)邻接构成的整个通信面状服务区,形状很像蜂窝,故形象地称为蜂窝状网,也称为蜂窝联通通信网。